Alfons Harasim
Statik

Kamprath-Reihe·Technik

Dipl.-Ing. Alfons Harasim

Statik

Kräfte in der Ebene
Statisch bestimmte Systeme

5. Auflage

 VOGEL Buchverlag
Würzburg

Dipl.-Ing. ALFONS HARASIM
1926 geboren in Kranstädt/Oberschlesien.
Nach Kriegsende Praktikum und Studium an der
Staatl. Ingenieurschule für Bauwesen in
Darmstadt.
Nach praktischen Erfahrungen in verschiedenen
Ingenieurbüros seit 1957 selbständig tätig als frei-
schaffender Architekt und beratender Ingenieur,
seit 1960 auch als freier Mitarbeiter bei der
Studiengemeinschaft Darmstadt.

CIP-Kurztitelaufnahme der Deutschen Bibliothek

Harasim, Alfons:
Statik: Kräfte in d. Ebene; stat. bestimmte
Systeme /Alfons Harasim. – 5. Aufl. – Würzburg:
Vogel, 1985 (unveränderter Nachdruck 1988).
(Kamprath-Reihe: Technik)
ISBN 3-8023-0027-0

ISBN 3-8023-0027-0
5. Auflage. 1985 (unveränderter Nachdruck 1988)
Printed in Germany
Copyright 1970 by Vogel-Buchverlag Würzburg
Herstellung: Echter Würzburg

Vorwort

Statik — kurz und bündig bringt eine Einführung in die Statik und behandelt in knapper und leicht verständlicher Form die Kapitel

Kräfte in der Ebene
– Zusammensetzen und Zerlegen von Kräften

statisch bestimmte Systeme
– Träger auf zwei Stützen waagerecht, schräg und geknickt
– Kragträger und Kombinationen, Träger auf zwei Stützen mit Kragträgern
– Gelenkträger
– Fachwerk
– Dreigelenkbogen und Dreigelenkrahmen

Für Techniker und Ingenieure
Das Buch soll dem studierenden Techniker und Ingenieur der verschiedenen Fachrichtungen die Grundkenntnisse der Statik vermitteln, so daß er in der Lage ist, Statik-Probleme zu lösen.
Im Beruf soll es ein Statik-Gerippe sein für den täglichen Gebrauch.

Ohne besondere Vorkenntnisse
Es werden nur mathematische Grundkenntnisse vorausgesetzt sowie der Umgang mit Zeichengerät am Reißbrett und mit Rechenschieber und Taschenrechner.

Erläuterung der Theorie an einfachen Beispielen
Die Theorie wird jeweils durch Beispiele mit einfachen Zahlen erläutert und untermauert. Formeln und Merksätze sind besonders hervorgehoben. Die Zeichnungen im Zweifarbendruck lassen den Lösungsgang bis zum Ergebnis gut erkennen. Anhand der typischen Beispiele lassen sich leicht auch schwierigere und kombinierte Aufgaben lösen.
In der verbesserten Auflage wurden die Kraftgrößen auf SI-Einheiten (N, kN, MN) umgestellt.
Das Kapitel Gelenkträger wurde um ein Rechenbeispiel erweitert, um zu zeigen, wie durch die Anordnung der Gelenke die Schnittkräfte beeinflußt werden.
Bei den Beispielen des Dreigelenkrahmens wurden die Momente und Momentenflächen ergänzt.

Höchst   *Alfons Harasim*

Inhaltsverzeichnis

Zusammenstellung der benutzten Formelzeichen und Dimensionen

F	Einzelkraft allgemein	
F_v	vertikale Kraft oder Komponente	
F_h	horizontale Kraft oder Komponente	
p	Streckenlast als Verkehrslast	
g	Streckenlast als Eigengewicht	
q	Streckenlast als Gesamtlast $(g + p)$	
R	Resultierende, Ersatzkraft für zwei und mehrere Kräfte	
Σ	Summe	
Q	Querkraft	
N	Normalkraft	
M	statisches Moment	
l	Stützweite eines Trägers	
A_l	**links** von der Wirkungslinie A	
A_r	**rechts** von der Wirkungslinie A	
a, b, c	Entfernungen von Kräften zueinander oder zum Drehpunkt	
x	Abstand des Querkraftnullpunktes zum linken Auflager	
x'	Abstand des Querkraftnullpunktes zum rechten Auflager	
z	Abstand des Querkraftnullpunktes zum nächsten Querkraftpunkt links	
s	Seilstrahlen	
S	Schwerpunkt	
α, β, γ	Winkelbezeichnungen	
G	Gelenk, Gelenkkraft	
v	Geschwindigkeit	

Indizes geben die Stelle der wirkenden Kräfte an

M_1	Biegemoment an der Stelle 1
M_x	Biegemoment an der Stelle x
M_A	Biegemoment am Auflager A
M_F	Biegemoment im Feld
M_S	Biegemoment an der Stütze

Indizes geben auch Unterscheidungen zwischen Größen gleicher Art an

F_1, F_2, F_3

beim Fachwerk

O	Obergurt
U	Untergurt
V	Vertikalstab
D	Diagonalstab

Dimensionen

m	Meter
N	Newton
kN	Kilonewton
kNm	Kilonewtonmeter
MN	Meganewton
MNm	Meganewtonmeter
kN/m	Kilonewton pro Meter
MN/m	Meganewton pro Meter

Abkürzungen

LM	Längenmaßstab
KM	Kräftemaßstab
L. P.	Lageplan
K. P.	Kräfteplan
CG	Culmansche Gerade
MM	Momentenmaßstab

1 Allgemeines

1.1 Grundbegriffe der Statik

Statik ist die Lehre vom Feststehenden, Starren. Sie ist ein Teilgebiet der Mechanik. In der Dynamik wird alles behandelt was sich bewegt; in der Statik alles was sich nicht bewegt, (oder was sich nicht bewegen sollte). Beide Teilgebiete haben außer Kräften noch die Bewegung gemeinsam, nur haben wir in der Statik den Sonderfall der Bewegung, nämlich $v = 0$; das heißt, wir haben es in der Statik vorwiegend mit ruhenden Kräften zu tun – mit dem Bewegungszustand „Null". – Er tritt ein, wenn alle an einem Körper eingreifenden Kräfte und Kräfte an Hebelarmen (Momente) sich aufheben, wenn also durch entsprechende Gegenkräfte die angreifenden Kräfte ausgeglichen werden, **im Gleichgewicht** sind. Man bezeichnet die Statik daher auch als **Lehre vom Gleichgewicht der Kräfte** oder als **Gleichgewichtslehre**.

Wir wollen also **Gleichgewicht** haben und wissen, daß es von vornherein nicht dasein muß und wenn man es erreicht hat, es wieder gestört werden kann. Es gibt also „**Gleichgewichtsänderungen**", die hervorgerufen werden können durch die Anziehungskraft der Erde (in der Statik sind es die **Eigengewichte**), durch den Körper oder auf das Bauwerk zusätzlich aufgebrachte Lasten (Verkehrs- bzw. Nutzlasten) und durch bereits in der Natur vorkommende Kräfte wie Wasser, Schnee, Wind- und Temperatureinwirkungen.

Wir haben es hier also mit **äußeren Kräften** zu tun. Durch die Belastung eines Körpers mit äußeren, also von außen einwirkenden Kräften entstehen im Körper, gleichsam zur Abwehr der äußeren Kräfte, **innere Kräfte** – wir nennen sie **Spannungen**; sie werden in der Festigkeitslehre behandelt. Ebenso in der Festigkeitslehre werden auch die „**Formänderungen**" besonders behandelt. Selbst wenn der Körper in Ruhe, im Gleichgewicht ist, muß er nicht starr und unbeweglich sein. Wenn man das annimmt so ist es nur eine Behauptung, die nicht immer stimmt. Der Körper, oder besser der Stoff des Körpers, gibt der von außen einwirkenden (äußeren) Kraft nach, er ändert seine Form.

Formänderungen können sein:
Verlängern, Verkürzen, Verdrehen, Durchbiegen. Sie treten also auf! Wie groß dürfen diese nun sein?

Man kann ganz allgemein darauf antworten: So gering wie möglich und sie dürfen die Benutzung eines Bauwerkes z. B. nicht beeinträchtigen oder sogar gefährden. Wenn man sie mit bloßem Auge auf den ersten Blick wahrnehmen kann, sind sie meistens schon zu groß.

Eine wesentliche Forderung bei den Formänderungen ist noch: Der Körper muß seine ursprüngliche Form nach Entfernen der Kraft (oder Last) wieder einnehmen, er muß also „**zurückfedern**". Um das zu können, muß der Körper auch **elastisch** sein und nicht plastisch.

Wie schmal der Pfad ist auf dem wir uns in der Statik bewegen ersehen wir, wenn wir zusammenfassend sagen: Wir wollen also **annähernd** den Zustand der Ruhe und des Gleichgewichts erreichen, sonst sind wir schon im Teilgebiet „**Dynamik**".

Für die Ermittlung in der Statik stehen uns die zeichnerische oder grafische und die rechnerische oder analytische Methode zur Verfügung. Die **grafische Methode** ist oft bei einfachen Systemen und Belastungen übersichtlich und schnell. Die Genauigkeit hängt von der Wahl des Maßstabes und der Zeichengenauigkeit ab. Die **analytische Methode** ist oft schneller, kann fast immer genauer sein als die grafische Methode und hat den wesentlichen Vorteil der Unabhängigkeit vom Reißbrett. Die fehlende Übersichtlichkeit wird man meistens durch maßstäbliche Skizzen erreichen können.

Da die Genauigkeit des Ergebnisses bei einer statischen Untersuchung nicht nur abhängig ist von der Rechen- oder Zeichengenauigkeit, sondern auch von der Genauigkeit der eingegebenen Werte der Kräfte oder Lasten und sogar noch von der ungünstigen Laststellung, hat die Wahl des Verfahrens (grafisch oder analytisch) nur sekundäre Bedeutung. Man muß richtig rechnen, die Mathematik richtig anwenden; eine übertriebene Genauigkeit bedeutet noch nicht richtige statische Größen, diese sind vielmehr abhängig von der richtigen **Lastannahme** und der Überlegung, welche **ungünstigsten Laststellungen** im Zusammenspiel wohl an dem untersuchten System auch die **maximalen statischen Größen** ergeben werden.

1.2 Die Kraft

Weder die äußeren Kräfte noch die inneren Kräfte lassen sich mit unseren Sinnesorganen wahrnehmen. Man kann die Kräfte nur an ihren Wirkungen erkennen. Eine Kraft setzt einen Körper in Bewegung, wenn dieser nicht festgehalten wird, die angreifende Kraft also nicht im Gleichgewicht gehalten wird durch eine oder mehrere andere Kräfte. Die Bewegung kann **geradlinig fortschreitend** oder **drehend** sein; eine **Kraft an einem Hebelarm** (Abstand senkrecht zum Drehpunkt) erzeugt ein **statisches Moment** „M".

Eine Kraft kann eindeutig bestimmt werden durch **Größe, Richtung** und **Lage**. Einzelkräfte werden meistens mit dem Buchstaben F nach der neuen Norm bezeichnet. Als Einheit benutzt man kN oder bei größeren Kräften MN (= 1000 kN). Mehrere verschiedene Kräfte bezeichnet man mit entsprechendem Fußzeiger (Index), z.B.:

$F_1 = + 1000$ kN; $F_2 = - 500$ kN

Zeichnerisch stellt man eine Kraft durch eine Strecke dar in einem entsprechenden **Kräftemaßstab,** der abhängig sein wird von der Größe der darzustellenden Kraft, der Größe der vorhandenen Zeichenfläche und der gewünschten Genauigkeit, z. B.

KM: 1 cm = 100 kN oder KM: 100 kN ≙ 1 cm.

Die Richtung wird durch einen Pfeil dargestellt. Da eine Kraft in der Ebene in einer beliebigen Richtung wirken kann, ist es zweckmäßig, auch den Rich-

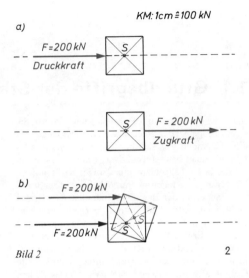

Bild 2

tungswinkel anzugeben. Die **Vorzeichen** können an sich beliebig gewählt werden; wenn man eine Richtung als positiv bezeichnet, muß man die Gegenrichtung dann als negativ bezeichnen. Am besten bedient man sich des Koordinaten-Kreuzes aus der Mathematik.

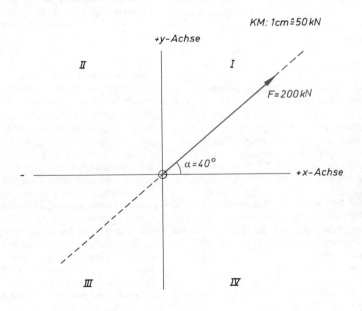

Bild 1

Eine Kraft F von der Größe 200 kN wirkt im I. Quadranten unter einem Winkel von 40° zur + x-Achse vom Koordinaten-Nullpunkt (Bild 1).
Wenn man sich den Schwerpunkt des Körpers im Koordinaten-Nullpunkt denkt, wäre F hier eine Zugkraft. Die Lage der Kraft wird bestimmt durch die **Wirkungslinie** und den **Angriffspunkt** (Bild 2a).
Bei starr gedachten Körpern ist es unwesentlich, wo der Angriffspunkt liegt.

Man kann die Kraft auf der Wirkungslinie verschieben, ohne daß sich an der Kraftwirkung etwas ändert.

Um keine unerwünschten Nebenwirkungen, z. B. Momente, zu erhalten, muß die Wirkungslinie allerdings durch den Schwerpunkt S des Körpers gehen (siehe Bild 2b).

Wenn man sich den Körper in Abb. 2 nicht festgehalten denkt, so wird im Falle einer Verschiebung der Kraft F auf der Wirkungslinie von Bild a (Druckkraft) nach Bild b (Zugkraft) die Wirkung der Kraft auf den Körper gleich sein, wenn die äußeren Umstände gleich bleiben, d. h. er wird sich in beiden Fällen mit der gleichen Geschwindigkeit bewegen. Diesen kleinen Versuch kann man mit einfachen Mitteln nachmachen und kann gut an der Wirkung die Kraft erkennen.

2 Zusammensetzen und Zerlegen von Kräften in der Ebene – Gleichgewicht

2.1 Zusammensetzen von zwei und mehr Kräften

2.1.1 Kräfte auf einer Wirkungslinie

Zwei oder mehr Kräfte kann man, wenn sie unbequem sind ersetzen durch eine **Ersatzkraft**, eine **Resultierende**. Die Wirkung auf einen Körper ist gleich.

Bei zwei gleichgerichteten Kräften wird die Resultierende gleich der Summe der beiden Kräfte.

$R = F_1 + F_2 = + 200 + 100 = + 300$ kN (Bild 3).

Bei vielen gleichgerichteten Kräften kann man allgemein schreiben

$$R = \sum_{1}^{n} F$$

Die Resultierende ist gleich der Summe aller Kräfte F von 1 bis n, bei 4 Kräften also Summe aller F von 1 bis 4.

Bild 3

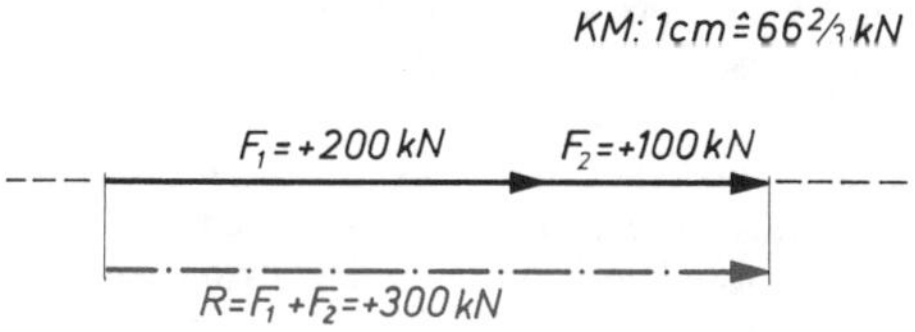

KM: 1cm ≙ 66⅔ kN

$F_1 = +200\,kN$ $F_2 = +100\,kN$

$R = F_1 + F_2 = +300\,kN$

Bild 4

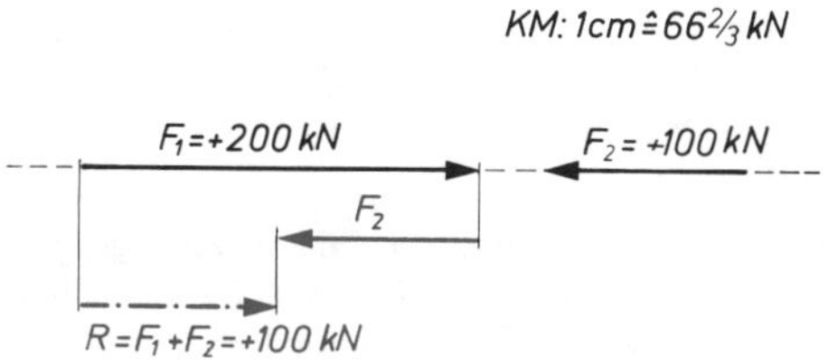

KM: 1cm ≙ 66⅔ kN

$F_1 = +200\,kN$ $F_2 = +100\,kN$

F_2

$R = F_1 + F_2 = +100\,kN$

Sind die Kräfte auf einer Wirkungslinie **nicht** gleichgerichtet, so ergibt sich:
Die Resultierende wird jetzt die Differenz der beiden Kräfte. Die Richtung und damit das Vorzeichen der Resultierenden ergibt sich aus der Richtung der größeren Kraft (Bild 4).

$$R = + 200 - 100 = + 100 \text{ kN}$$

allgemein

$$R = \sum_{1}^{n} F$$

Die Formel ist dieselbe wie bei gleichgerichteten Kräften.
Wenn man jetzt sagt:

> Die Resultierende ist die **algebraische Summe aller Kräfte** F von 1 bis n.

Hat man mehrere Kräfte mit verschiedenen Vorzeichen, muß man erst die Zwischensumme der positiven und der negativen Kräfte und dann die Differenz bilden

Beispiel: $F_1 = + 300 \text{ kN} \qquad F_2 = - 100 \text{ kN}$
$\qquad\qquad F_3 = - 200 \text{ kN} \qquad F_4 = - \ 50 \text{ kN}$

Lösung: $R = + 300 \text{ kN} + 200 \text{ kN} - 100 \text{ kN} - 50 \text{ kN}$
$\qquad\qquad = + 500 \text{ kN} - 150 \text{ kN} = + 350 \text{ kN}$

Bei der grafischen Lösung sollte darauf geachtet werden, daß der Lösungsgang nicht in der ursprünglich gegebenen Wirkungslinie dargestellt wird, sondern daß man „verzerrt", parallel untereinander Schritt für Schritt zeichnet, die Kräfte dabei mit Hilfslinien senkrecht zur Wirkungslinie „begrenzt", damit man sieht, daß sie eigentlich in die gegebene Wirkungslinie gehören (vgl. Bild 3 und 4).

2.1.2 Kräfte, deren Wirkungslinien sich in einem Punkt schneiden

2.1.2.1 zwei Kräfte

Die beiden Kräfte F_1 und F_2 sind nach Größe, Richtung und Lage gegeben; sie sind also im Lageplan dargestellt.

Für die grafische Bestimmung der Resultierenden R gibt es nun 2 Möglichkeiten, die Lösung im **Lageplan,** oder in einem gesonderten **Kräfteplan** (Bild 5).

Die Lösung im **Lageplan** ist am einfachsten. Man zieht durch die „Anfangspunkte" der beiden Kräfte Parallelen zur anderen Kraft. Der Schnittpunkt der Parallelen wird mit dem Schnittpunkt der Wirkungslinien verbunden und man hat die Resultierende R. Die Richtung ergibt sich aus der Hauptrichtung der beiden Kräfte und dürfte eindeutig sein.

Bei der zweiten Möglichkeit muß man sich des **Kräfteplanes** bedienen. Die Einzelkräfte werden aus dem Lageplan parallel in den Kräfteplan verschoben und maßstäblich in der richtigen Größe in einem **Kräftezug** hintereinander dargestellt (Bild 6).

(Die Reihenfolge kann beliebig sein.) Wenn man den Anfangs- und den Endpunkt des Kräftezuges verbindet, ergibt sich die Resultierende R. Die Richtung erhält man aus dem Umfahrungssinn der Kräfte.

Die Regel lautet:

> Die Resultierende muß dem Umfahrungssinn der Kräfte **entgegengesetzt** gerichtet sein.

Man darf nun nicht übersehen, daß man im Kräfteplan wohl die Größe und Richtung der Resultierenden, jedoch noch nicht die Lage erhalten hat. R muß aus dem Kräfteplan noch in den Lageplan parallel zurückverschoben werden durch den Schnittpunkt der beiden Wirkungslinien. Erst dann ist die Aufgabe gelöst.

Man ersieht aus der Gegenüberstellung der beiden Verfahren, daß bei 2 Kräften die Lösung im Lageplan wesentlich einfacher ist. Weiter sieht man, daß die zeichnerische Lösung in beiden Fällen einfach und deutlich ist. Man kann diese Aufgabe auch rechnerisch lösen mit Hilfe der Winkelfunktionen, aber das ist sehr umständlich.

In dem Sonderfall, wenn zwei Kräfte rechtwinklig zueinander stehen, ist eine rechnerische Lösung einfacher, obwohl noch umständlicher als die zeichnerische Lösung.

Zeichnerisch ergibt sich bei der Lösung im Lageplan jetzt ein Kraftrechteck, und die Resultierende wird die Diagonale (Bild 7).

Rechnerisch ergibt sich nach dem **Lehrsatz des Pythagoras:**

$$R = \sqrt{F_1^2 + F_2^2} = \sqrt{200^2 + 300^2}$$

$$= \sqrt{40000 + 90000} = \sqrt{130000} = 362 \text{ kN}$$

Der Winkel α zur Horizontalen kann z. B. über den Tangens ermittelt werden zu:

$$\tan \alpha_R = \frac{F_2}{F_1} = \frac{300}{200} = 1,5 \qquad \alpha_R = 56,70°$$

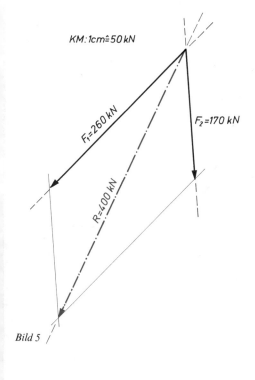

Bild 5

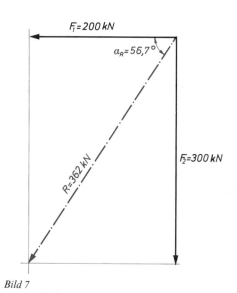

Bild 7

Bild 6

2.1.2.2 mehrere Kräfte

Man kann auch hier die Lösung im Lageplan direkt erhalten mit **Kräfteparallelogrammen,** aber es geht nur schrittweise (wie Bild 8a zeigt) und ist umständlich; man kann auch leicht den Überblick verlieren. Es ist hier schon ratsam, die Lösung über den Kräfteplan (Bild 8b) zu suchen und die durch Verbinden des Anfangs- und Endpunktes des Kräftezuges gefundene Resultierende in den Lageplan zurückzuverschieben. Sind die beiden Kräfte F_1 und F_2 beliebig gerichtet, so läßt sich die Resultierende und deren Richtung rechnerisch nach den Beziehungen für das schiefwinklige Dreieck berechnen.

13

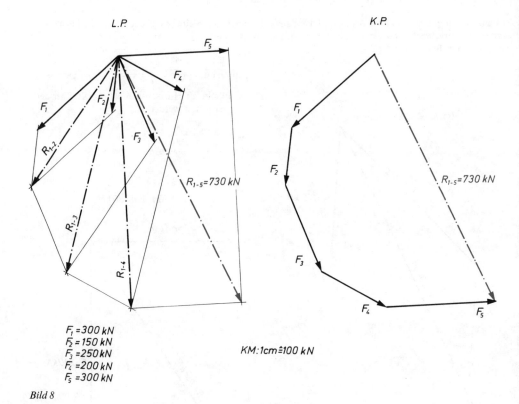

L.P.

K.P.

F_5

F_4

F_1

F_2

R_{1-2}

F_3

$R_{1-5}=730\ kN$

R_{1-3}

R_{1-4}

$R_{1-5}=730\ kN$

F_1

F_2

F_3

F_4

F_5

$F_1 = 300\ kN$
$F_2 = 150\ kN$
$F_3 = 250\ kN$
$F_4 = 200\ kN$
$F_5 = 300\ kN$

$KM: 1cm \triangleq 100\ kN$

Bild 8

Bild 9

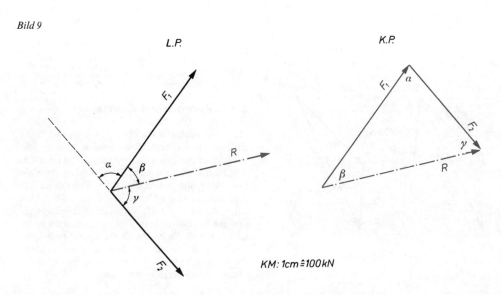

L.P.

K.P.

F_1

R

α

β

γ

F_2

F_1

α

F_2

γ

β

R

$KM: 1cm \triangleq 100\ kN$

14

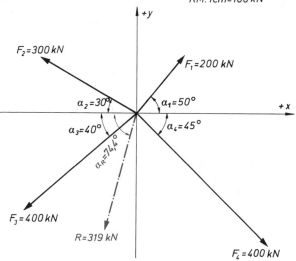

Bild 10

a) nach dem Kosinussatz:

$$R = \sqrt{F_1^2 + F_2^2 - 2\,F_1 \cdot F_2 \cdot \cos \alpha}$$

b) nach dem Sinussatz

$$\sin \beta = \sin \alpha \cdot \frac{F_2}{R}$$

oder $\sin \gamma = \sin \alpha \cdot \dfrac{F_1}{R}$

Die Resultierende von mehreren Kräften an einem Angriffspunkt kann man auch verhältnismäßig einfach rechnerisch lösen (Bild 9), wenn man sich des Koordinatenkreuzes bedient.

Man muß jede Kraft in die **waagrechte** und **senkrechte Komponente** mit Hilfe der Winkelfunktionen zerlegen, die **Summenkomponenten** H und V bilden und daraus die Resultierende und den Winkel zur Horizontalen bestimmen (Bild 10).

α	sin	cos
50°	0,77	0,64
30°	0,5	0,87
40°	0,64	0,77
45°	0,71	0,71

Vertikal-Anteile ($F \cdot \sin \alpha$)

$$V_1 = 200 \cdot 0,77 = + 154 \text{ kN}$$
$$V_2 = 300 \cdot 0,5\ \ = + 150 \text{ kN}$$
$$V_3 = 400 \cdot 0,64 = - 256 \text{ kN}$$
$$V_4 = 500 \cdot 0,71 = \underline{- 355 \text{ kN}}$$
$$\Sigma V = - 307 \text{ kN}$$

Horizontal-Anteile ($F \cdot \cos \alpha$)

$$H_1 = 200 \cdot 0,64 = + 128 \text{ kN}$$
$$H_2 = 300 \cdot 0,87 = - 261 \text{ kN}$$
$$H_3 = 400 \cdot 0,77 = - 308 \text{ kN}$$
$$H_4 = 500 \cdot 0,71 = \underline{+ 355 \text{ kN}}$$
$$\Sigma H = - \ \ 86 \text{ kN}$$

$$R = \sqrt{307^2 + 86^2} = \sqrt{94\,249 + 7396}$$
$$= \sqrt{101\,645} = \textbf{319 kN}$$

Da die Vorzeichen beider Summenkomponenten negativ sind, muß die Resultierende im III. Quadranten liegen. Der Winkel zur Horizontalen ermittelt sich zu

$$\tan \alpha\,R = \frac{-307}{-86} = 3,57 \qquad \alpha_R = 74,40°$$

2.1.3 Kräfte schneiden sich in verschiedenen Punkten, noch auf der Zeichenebene liegend

2.1.3.1 paarweises Zusammensetzen

Man ersetzt zunächst F_1 und F_2 durch R_{1-2} mit Hilfe des **Kräfteparallelogrammes** und dann ebenso F_3 und F_4 durch R_{3-4} (Bild 11). Dabei müssen die Kräfte jeweils auf ihren Wirkungslinien verschoben werden bis zum gemeinsamen Schnittpunkt.
Die Wirkungslinien der beiden **Teilresultierenden** R_{1-2} und R_{3-4} bringt man zum Schnitt, verschiebt die Kraftgrößen bis zum gemeinsamen Schnittpunkt auf den Wirkungslinien, bildet das Kräfteparallelogramm und hat so die **Gesamtresultierende** nach Größe, Richtung und Lage.

2.1.3.2 Culmansches Verfahren

Wenn sich die Teilresultierenden nicht mehr auf der Zeichenebene schneiden, muß man den Kräfteplan zu Hilfe nehmen (Bild 12).

Im Kräfteplan werden die Kräfte im Kräftezug hintereinander gezeichnet und durch Verbindung des Anfangs- und Endpunktes erhält man die Gesamtresultierende nach Größe und Richtung schnell.
Zur Ermittlung der Lage der Resultierenden bildet man im Kräfteplan die Teilresultierende $F_1 - F_2$, die Culmansche Gerade „CG_1" und die Teilresultierende $F_1 - F_2 - F_3$, die Culmansche Gerade „CG_2".
Im Lageplan verlängert man zunächst die Wirkungslinien von F_1 und F_2 bis zum Schnitt (Punkt A) und zeichnet durch diesen Punkt die Parallele zu CG_1. Durch Verlängern der Wirkungslinie von F_3 bis zum Schnitt mit CG_1 erhält man Punkt B. Wenn man die Wirkungslinie von F_4 jetzt verlängert bis zum Schnitt mit CG_2, erhält man mit Punkt C den Durchgangspunkt für die Gesamtresultierende R. Man zeichnet eine Parallele zu R aus dem Kräfteplan durch den Punkt C und trägt darauf die Größe R ab. Dieses Verfahren ist zwar einfach, hat aber den Nachteil, daß es dann nicht geht, wenn die „vielen" Schnittpunkte nicht auf der Zeichenebene liegen.

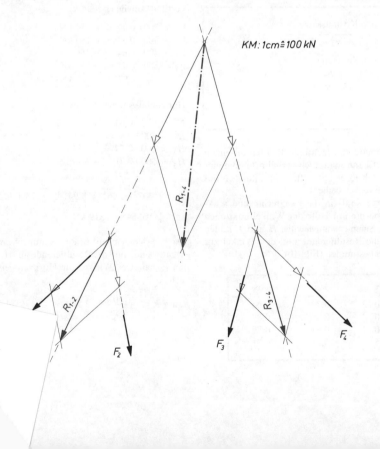

KM: 1cm ≙ 100 kN

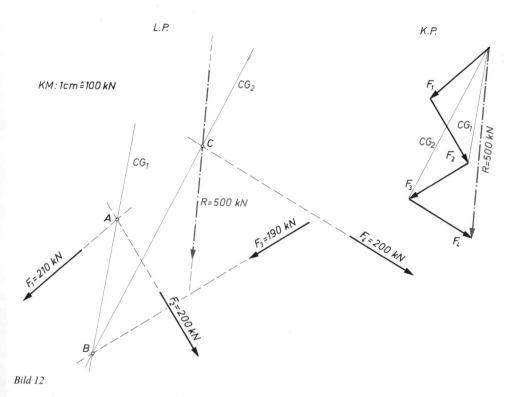

Bild 12

2.1.4 Kräfte schneiden sich nicht mehr auf der Zeichenebene
– Das Seileckverfahren –

Wenn sich zwei Kräfte nicht mehr auf der Zeichenebene schneiden, wendet man einen kleinen Trick an, man ersetzt jede Kraft durch zwei Komponenten oder Seitenkräfte (Bild 13).

Im Kräfteplan zeichnet man zu F_1 zwei beliebige Seitenkräfte S_1 und S_2, die sich im Punkt „0" schneiden. Um es deutlicher zu machen, setzt man jetzt F_2 mit einem kleinen Abstand darunter und bildet die beiden Seitenkräfte S_2' und S_3, dabei wird S_2' jetzt parallel zu S_2 gewählt; daraus ergibt sich die Richtung von S_3.

Wir denken uns jetzt beide „Teilfiguren" zusammengesetzt; es entsteht ein Kräftezug $F_1 - F_2$ und die Resultierende R ergibt sich aus der Verbindung des Anfangs- und Endpunktes nach Größe und Richtung. Die Seitenkräfte schneiden sich in dem Punkt „0", und wenn wir die Richtung der „Komponenten" aus dem Umfahrungssinn der Teilfiguren verfolgen, stellen wir fest, daß sich S_2 und S_2' aufheben, da sie entgegengesetzt gerichtet sind. Wir haben also die beiden Kräfte F_1 und F_2 eigentlich ersetzt durch die beiden Seitenkräfte S_1 und S_3.

Im Lageplan trägt man die beiden Seitenkräfte S_1 und S_2 an einem beliebigen Punkt A auf der Wirkungslinie von F_1 an. Die Seitenkräfte S_2' und S_3 trägt man im Punkt B auf der Wirkungslinie von F_2 so an, daß S_2' in die Wirkungslinie von S_2 kommt (praktisch Verlängerung von S_2 bis zum Schnitt mit F_2); damit heben sich die beiden Seitenkräfte S_2 und S_2' im Lageplan auch auf. Die Seitenkräfte S_1 (als Ersatz von F_1) und S_3 (als Ersatz von F_2) schneiden sich im Punkt C des Lageplanes. Dieser Punkt muß der Durchgangspunkt für die Resulierende R sein; die Lage von R ergibt sich durch Parallelverschiebung aus dem Kräfteplan.

An einem weiteren Beispiel mit vier Kräften im L. P. soll die Lösung verdeutlicht werden (Bild 14).

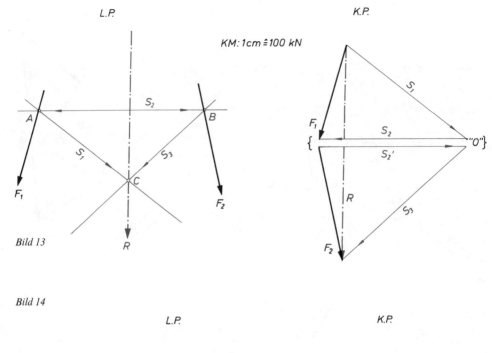

Bild 13

Bild 14

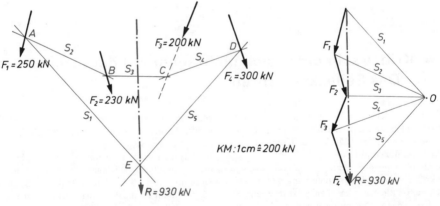

Zunächst werden im Kräfteplan die Kräfte im Kräftezug hintereinander gezeichnet, der Anfangs- und Endpunkt verbunden – man erhält die Resultierende R in Größe und Richtung. Dann wird ein beliebiger „Pol" 0 gewählt und jeweils Anfangs- und Endpunkt jeder Kraft mit dem **Polpunkt** verbunden. Es ergeben sich die Seilstrahlen S_1 bis S_5.

Die **Seilstrahlen** werden nun nacheinander parallel verschoben in den Lageplan. Der erste Seilstrahl S_1

muß im Lageplan die erste Kraft F_1 schneiden an einem beliebigen Punkt A. In A wird der Seilstrahl S_2 angesetzt als „Verbindung" zur Kraft F_2; es ergibt sich der Punkt B. In B wird der Seilstrahl S_3 parallel angesetzt und zur Kraft F_3 gezogen. An diesem Punkt C wird der Seilstrahl S_4 parallel angesetzt und bis zum Schnittpunkt D auf der Kraft F_4 verlängert. Im Punkt D wird nun der „letzte Seilstrahl" S_5 angetragen und parallel gezeichnet bis zum Schnitt mit

18

dem „ersten Seilstrahl" S_1. Durch diesen Schnittpunkt E wird die Wirkungslinie von R parallel zum Kräfteplan gezogen und R der Größe und Richtung nach angetragen.

Dieses einfache Verfahren hat den Vorteil, daß man immer eine Lösung erhält. Sollte diese auf „Anhieb" nicht zustande kommen, muß man den Polpunkt anders wählen oder die Reihenfolge der Kräfte im Kräftezug. Die Seilstrahlen sollen möglichst abweichende Neigungen haben.

> Bei zwei gleich großen Kräften muß die Resultierende genau in der Mitte zwischen den beiden Einzelkräften liegen.

Nach Übertragen der Seilstrahlen S_1, S_2 und S_3 wird die Lage der Resultierenden eindeutig; sie muß durch den Schnittpunkt des ersten und letzten Seilstrahles gehen. Diese Aufgabe läßt sich auch rechnerisch einfach lösen mit Hilfe einer Verhältnisgleichung.

> Die Größe der Resultierenden muß die Summe der Einzelkräfte sein,

2.1.5 Parallele Kräfte

2.1.5.1 Gleichgerichtet

Das Seileckverfahren eignet sich für parallele Kräfte besonders, denn eine grafische Lösung ist sonst mit einem anderen Verfahren nicht möglich, da die Wirkungslinien der Kräfte sich erst im Unendlichen schneiden (Bild 15).

Zwei parallele, gleichgerichtete Kräfte F_1 und F_2 sind gegeben. Aus dem Kräfteplan ergibt sich die Größe (= Summe der Einzelkräfte) und die Richtung eindeutig. Durch Überlegung wird man feststellen, daß die Resultierende nur zwischen den beiden Einzelkräften und sogar näher der größeren Kraft liegen muß.

da beide parallel und gleichgerichtet sind. Man kann anschreiben

$$R = F_1 + F_2$$
$$F_1 = R - F_2$$
$$F_2 = R - F_1 \text{ (Bild 16)}.$$

Die Lage der Resultierenden wird angenommen näher zur größeren Kraft im Abstand a von F_1. Man kann ausschreiben:

$$a + b = c$$
$$a = c - b$$
$$b = c - a$$

Die Kräfte müssen umgekehrt proportional den Abständen sein, also

$$F_1 : F_2 = b : a$$

Bild 15

L.P.

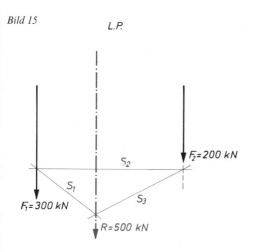

K.P.

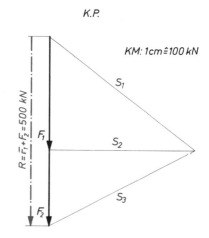

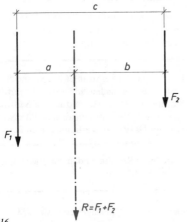

Bild 16

oder umgestellt:

$$F_1 \cdot a = F_2 \cdot b$$

für b setzen wir $c - a$ ein und erhalten

$$F_1 \cdot a = F_2 \cdot (c - a)$$
oder $\quad F_1 \cdot a = F_2 \cdot c - F_2 \cdot a$
oder $\quad F_1 \cdot a + F_2 \cdot a = F_2 \cdot c$

Wenn man für $F_1 + F_2 = R$ einsetzt, wird nun

$$R \cdot a = F_2 \cdot c$$

oder nach der Unbekannten aufgelöst

$$a = \frac{F_2 \cdot c}{R}$$

Entsprechend kann man jetzt auch schreiben:

$$b = \frac{F_1 \cdot c}{R}$$

2.1.5.2 entgegengesetzt gerichtet

Im Kräfteplan sollte man beim Auftragen der Kräfte „verzerren" und die Punkte auf eine Bezugslinie projizieren (Bild 17).

> Die Resultierende ergibt sich als Differenz oder „algebraische Summe" der beiden Kräfte F_1 und F_2, und sie hat die Richtung der größeren Kraft.

Der Kräftezug beginnt mit F_1, man muß die Seilstrahlen richtig bezeichnen, weil es für das Übertragen in den Lageplan wichtig ist.
Der erste Seilstrahl muß die erste Kraft schneiden, man muß also S_1 mit F_1 zum Schnitt bringen; Punkt A. Der Seilstrahl S_2 muß die Verbindung sein nach F_2; wenn man ihn im Punkt A ansetzt, ergibt sich Punkt B auf der Wirkungslinie von F_2. Wenn man in B den Seilstrahl S_3 anträgt und mit dem ersten Seilstrahl zum Schnitt bringt, ergibt sich Punkt C als Durchgangspunkt für die Resultierende.

> Die Resultierende liegt nun außerhalb der Kräfte, aber näher der größeren Kraft.

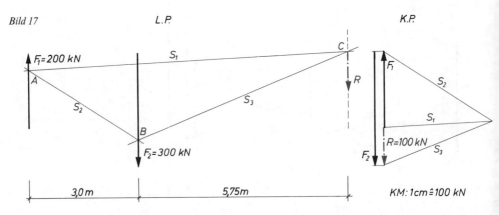

Bild 17

2.1.5.3 entgegengesetzt gerichtet und gleich groß – Kräftepaar

Wenn man die Kräfte F_1 und F_2 entgegengesetzt gerichtet läßt, sie aber gleich groß macht, dann ergibt sich zunächst die Resultierende zu $R = 0$, denn $F - F$ ist 0 (Bild 18).

Aus dem Kräfteplan erkennt man, daß nur zwei Seilstrahlen gezeichnet werden, denn S_1 wird gleich S_3. Beim folgerichtigen Übertragen in den Lageplan sieht man, daß S_1 und S_3 sich nicht auf der Zeichen-

Das Drehmoment M wird $F \cdot \dfrac{a}{2} + F \cdot \dfrac{a}{2} = F \cdot a$

Wird der Drehpunkt in der Wirkungslinie einer der Kräfte angenommen (Bild 19 b), ergibt sich als Moment

$M = F \cdot a \pm F \cdot 0 = F \cdot a$

Nimmt man schließlich den Drehpunkt D außerhalb der Kräfte im Abstand b an (Bild 19 c), so ergibt sich

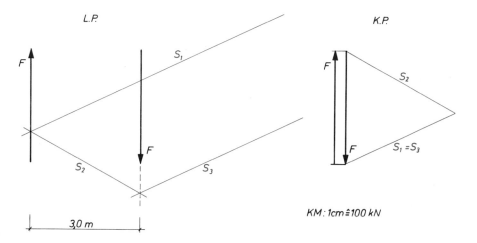

Bild 18

ebene schneiden, da sie parallel sind, sie schneiden sich im Unendlichen.

Man erkennt:

> Die Resultierende ist Null, und sie liegt im Unendlichen.

Wenn man sich jetzt erinnert, daß die beiden Kräfte F auf zwei verschiedenen Wirkungslinien liegen, wird man auch erkennen, daß die Kraftwirkungen nicht Null sein können. Diese beiden Kräfte – **ein Kräftepaar** – erzeugen eine Drehbewegung. Um die Größe festzustellen, müssen wir einen Drehpunkt annehmen.

Der Abstand zwischen den beiden Kräften wird mit a bezeichnet, der Drehpunkt D wird zunächst in $\dfrac{a}{2}$ angenommen (Bild 19 a).

als Moment (Vorzeichen-Regelung siehe Seite 30) ebenfalls

$M = F \cdot (a + b) - F \cdot b = F \cdot a$ \quad (Bild 19 a, b und c)

Daraus kann man feststellen:

> Das Drehmoment eines Kräftepaares ist unabhängig von der Lage des Drehpunktes und immer das Produkt aus Kraft (des Kräftepaares) und Abstand zwischen den Kräften. Man kann daher das Kräftepaar oder den Drehpunkt in der Ebene verschieben, ohne daß sich an der Wirkung etwas ändert; man kann sogar das Kräftepaar senkrecht zur Ebene verschieben.

(Beispiel: Lenkrad mit Lenksäule beim Auto). Das Kräftepaar wird in der Technik häufig angewendet.

21

> Man kann auch ein Moment durch ein Kräftepaar und ein Kräftepaar durch ein Moment ersetzen.

(Bild 20). Da beim Kräftepaar aber ein Moment entsteht, kann die Aufgabe mit diesem Ergebnis noch nicht beendet sein.

Das Kräftepaar $F \cdot a = 100 \cdot 5 = 500$ mkN kann man ja auch umwandeln in ein anderes Kräftepaar mit der gleichen Wirkung, z.B. in ein solches mit F_1 als Kraft:

$$100 \cdot 5 = 200 \cdot x$$

Bild 19

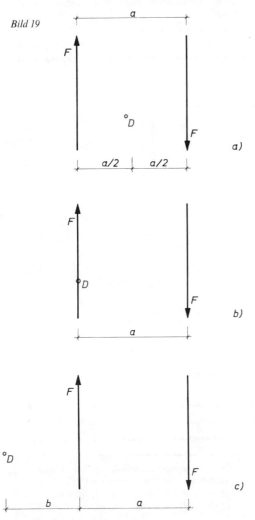

a)

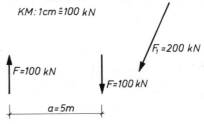

Bild 20

Der Abstand zwischen den Kräften des „neuen" Kräftepaares mit F_1 läßt sich errechnen zu

$$x = \frac{100 \cdot 5}{200} = 2,5 \text{ m}$$

Jetzt haben wir überall gleiche Kraftgrößen. Nun kann man das „neue" Kräftepaar in der Ebene so verschieben, daß eine Kraft des Kräftepaares in die Wirkungslinie der gegebenen Kraft F_1 kommt, entgegengesetzt gerichtet ist und so die Kraftwirkung aufhebt. Es bleibt dann tatsächlich $F_1 = 200$ kN übrig; es tritt aber eine **Parallelverschiebung** auf von der Größe $x = 2,5$ m, man nennt es auch **„Außermittigkeit"** (Bild 21).

> Man kann daher auch eine Kraft F verschieben von A nach B um ein Maß „a", wenn man zu dieser Kraft ein Kräftepaar von der Größe $F \cdot a$ hinzufügt.

Es ändert sich an dem ursprünglichen Zustand nichts, da sich die beiden neuen Kräfte (im Punkt B) in ihren Wirkungen aufheben (Bild 22).

Wir haben es jetzt zu tun mit der Wirkung der um „a" verschobenen Kraft F und mit der Wirkung des Kräftepaares $F \cdot a$. Das Verfahren wird bei Stützenuntersuchungen angewendet, die dann auf zusammengesetzte Festigkeit, Druck und Biegung beansprucht werden.

2.1.6 Kräftepaar und Einzelkraft

Wenn man aus einem Kräftepaar und einer Einzelkraft die Resultierende bilden will, wird man schnell feststellen, daß die Resultierende F_1 sein muß, denn die Resultierende des Kräftepaares ist ja Null

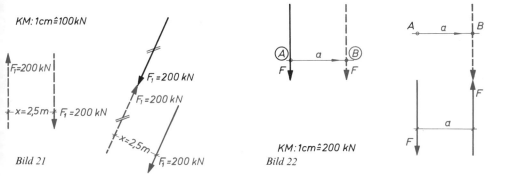

KM: 1cm ≙ 100kN

$F_1 = 200\,kN$

x = 2,5m $\quad F_1 = 200\,kN$

$F_1 = 200\,kN$

$F_1 = 200\,kN$

x = 2,5m

$F_1 = 200\,kN$

Bild 21

F $\quad a$ $\quad F$

KM: 1cm ≙ 200 kN

Bild 22

A $\quad a$ $\quad$ B

F

a

F

2.2 Zerlegen einer Kraft

2.2.1 in zwei parallele Kräfte

2.2.1.1 wenn die Wirkungslinien der Komponenten bekannt sind

Wenn man R im Kräfteplan aufträgt, ergeben sich die beiden Seilstrahlen S_1 und S_3, also der erste und letzte Seilstrahl (Bild 23). Beide Seilstrahlen müssen sich im Lageplan in der Wirkungslinie der Resultierenden schneiden, also im Punkt „B". Es ergeben sich automatisch die Schnittpunkte A auf F_1 und C auf F_2. Wenn man A und C verbindet, hat man den fehlenden Seilstrahl S_2, der in den Kräfteplan übertragen, R in F_1 und F_2 teilt, so daß nun die Größen der beiden Komponenten bekannt sind.

Bild 23

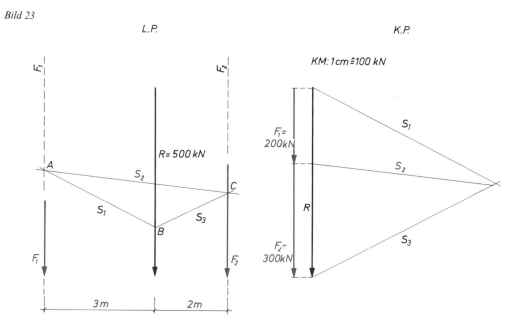

L.P.

K.P.

KM: 1cm ≙ 100 kN

$R = 500\,kN$

$F_1 = 200kN$

$F_2 = 300kN$

R

S_1

S_2

S_3

3m $\qquad$ 2m

2.2.1.2 wenn eine Komponente nach Größe, Richtung und Wirkungslinie bekannt ist

Im Kräfteplan ergibt sich F_2 als „Ergänzung" von F_1 zu R. Wenn man die Seilstrahlen S_1 bis S_3 in den Lageplan überträgt, ergibt sich auch die Lage von F_2 (Bild 24).

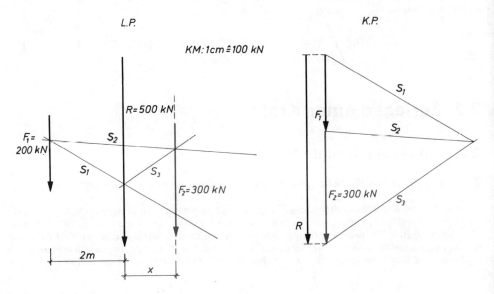

Bild 24

2.2.2 in zwei Kräfte verschiedener Richtung

2.2.2.1 wenn die Kraftgrößen der beiden Komponenten bekannt sind

Im Lageplan schlägt man mit dem Zirkel jeweils um A und B Kreisbögen mit den Kraftgrößen F_1 und F_2 und erhält **zwei** Lösungen

1) $F_1 = \overline{AD}$

$F_2 = \overline{AC}$

2) $F_1 = \overline{AE}$

$F_2 = \overline{AF}$ (Bild 25).

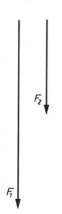

Bild 25

2.2.2.2 wenn beide Wirkungslinien bekannt sind

Im Kräfteplan werden im Anfangspunkt von R die Wirkungslinie F_1 und im Endpunkt von R die Wirkungslinie F_2 angetragen und zum Schnitt gebracht. Damit ergeben sich die Größen der beiden Komponenten, die in den Lageplan übertragen werden.

Rechnerisch ergibt sich: $F_1 = F_2 = \dfrac{\dfrac{R}{2}}{\sin \alpha} = \dfrac{R}{2 \cdot \sin \alpha}$
(Bild 26).

2.2.2.3 wenn eine Kraft nach Größe und Wirkungslinie bekannt ist

F_2 findet man am schnellsten, wenn man im Lageplan die Figur zum **Kräfteparallelogramm** ergänzt (Bild 28).

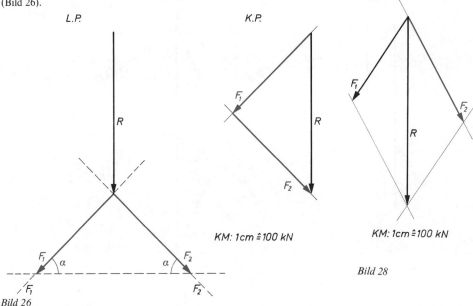

L.P.   *K.P.*

KM: 1cm ≙ 100 kN

Bild 28

Bild 26

Will man F_1 zerlegen in die vertikale und horizontale Komponente, braucht man grafisch die Figur nur zum **Kräfteparallelogramm** zu ergänzen und im Kräftemaßstab abzulesen.

Rechnerisch ergibt sich: $H = F_1 \cdot \cos \alpha$ und
$\qquad\qquad\qquad\quad V = F_1 \cdot \sin \alpha$ (Bild 27)

Bild 27

KM: 1cm ≙ 100 kN

2.2.3 in drei Kräfte

Wenn sich die Wirkungslinien der drei Zerlegungskräfte und die Wirkungslinie der Kraft in einem Punkt schneiden, ist die Aufgabe nicht mehr eindeutig; es gibt unendlich viele Lösungen.
Mit Hilfe der **Culmanschen Geraden** läßt sich eine Lösung finden, wenn die drei Zerlegungskräfte der Richtung und der Lage nach bekannt sind, sich nicht in einem Punkte schneiden und keiner ihrer Schnittpunkte auf der Wirkungslinie der gegebenen Kraft liegt (Bild 29).
Im Lageplan bringt man die Wirkungslinien von F_1 und F_2 zum Schnitt und erhält Punkt I. Die Wirkungslinie von F_3 wird zum Schnitt gebracht mit der Wirkungslinie von R, man erhält Punkt II.

L.P.

K.P.

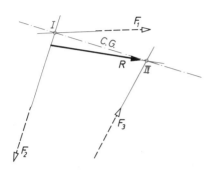

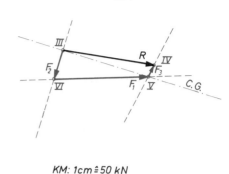

KM: 1cm ≙ 50 kN

Die Verbindung der Punkte I und II ist die **Culmansche Gerade.**

Im Kräfteplan wird am Anfangspunkt von R (Punkt III) die Culmansche Gerade angetragen.

Durch den Endpunkt von R (Punkt IV) wird die Wirkungslinie von F_3 angetragen. Damit wird die

Culmansche Gerade begrenzt (Punkt V), aber auch F_3 in der Größe bestimmt.

Durch den Endpunkt III der Culmanschen Gerade wird die Wirkungslinie von F_2 und durch den Endpunkt V die Wirkungslinie von F_1 gezeichnet. Beide schneiden sich im Punkt VI und begrenzen sich; damit sind auch die Größen F_1 und F_2 bestimmt.

2.3 Gleichgewicht – Gleichgewichtsbedingungen

Eine Kraft allein kann nicht im Gleichgewicht sein.

Zwei Kräfte in der Ebene sind im Gleichgewicht, wenn sie auf einer Wirkungslinie gegeneinander wirken und gleich groß sind.

Drei Kräfte in der Ebene sind im Gleichgewicht, wenn sich die Wirkungslinien in einem Punkt schneiden und die Resultierende Null ist.

Das Krafteck muß geschlossen sein, die Kräfte müssen gleichen Umfahrungssinn haben.

Vier Kräfte und mehr in der Ebene sind im Gleichgewicht, wenn die drei Gleichgewichtsbedingungen erfüllt werden

$\Sigma V = 0$ Algebraische Summe aller Vertikalen gleich Null

$\Sigma H = 0$ Algebraische Summe aller Horizontalen gleich Null

$\Sigma M = 0$ Algebraische Summe aller Momente der Kräfte für jeden beliebigen Drehpunkt gleich Null

Bei der zeichnerischen Behandlung müssen folgende Bedingungen erfüllt sein, wenn **Gleichgewicht in der Ebene** herrschen soll: Das Krafteck muß geschlossen sein.

Der Umfahrungssinn im Krafteck muß gleich sein (dann werden $\Sigma H = 0$ und $\Sigma V = 0$).

Das Seileck muß geschlossen sein (dann wird $\Sigma M = 0$).

Hat man in der Praxis mehrere Kräfte in der Ebene, so ermittelt man zuerst die Resultierende.

Will man Gleichgewicht haben, muß man die gefundene Resultierende ersetzen durch eine gleich große Gegenkraft.

27

3 Allgemeines über Träger

3.1 Formen und Auflagerarten

Träger und Balken werden meist waagrecht angeordnet und senkrecht zu ihrer Stabachse auf Biegung beansprucht. Sie können aber auch schräg angeordnet werden (Sparren, Treppen) und sogar senkrecht stehen. Es gibt gerade, geknickte und gebogene Träger und Rahmen. Außerdem kann man unterscheiden zwischen Vollwandträgern und gegliederten oder Fachwerkträgern.

Bei allen Trägerarten unterscheidet man zwischen: **beweglichen Auflagern** (Rolle, Gleitplatte oder Pendelstütze), die nur vertikale Kräfte aufnehmen können;

festen Auflagern, die Kräfte nach allen Richtungen aufnehmen können, also vertikale und horizontale. Hier ist am Auflager nur noch eine freie Drehbarkeit der Stabenden bei Durchbiegungen möglich, dagegen keine Längs- und Querbewegung;

fest eingespannten Auflagern, die Kräfte nach allen Richtungen und Momente aufnehmen können. Hier wird weder Längs- und Querbewegung noch Drehung der Stabenden möglich.

3.2 statische Bestimmtheit

Die **Auflagerunbekannten** werden mit Hilfe der drei **Gleichgewichtsbedingungen**

$$\Sigma V = 0, \Sigma H = 0 \text{ und } \Sigma M = 0$$

ermittelt.

> Ein Träger ist dann statisch bestimmt gelagert, wenn nicht mehr als drei Auflagerunbekannte vorhanden sind.

Ein Träger mit einem festen und einem beweglichen Auflager ist statisch bestimmt, denn er hat $2 + 1 = 3$ Lagerunbekannte (Bild 30a).
Ein Träger mit zwei beweglichen Lagern wäre labil, da er nur $1 + 1 = 2$, also weniger als drei Lagerunbekannte hat (Bild 30b).
Ein Kragträger, der eingespannt ist, ist ebenfalls noch statisch bestimmt, denn er hat nur ein Auflager und dort drei Lagerunbekannte (Bild 30c).
Entsprechend sind auch Träger auf zwei Stützen (ein Lager fest und ein Lager beweglich) mit einem und zwei Kragarmen noch statisch bestimmt (Bild 30d und e).

> Hat ein Träger mehr als drei Lagerunbekannte, so ist er statisch unbestimmt.

Ein Träger auf zwei Stützen mit zwei festen Auflagern hätte $2 + 2 = 4$ Lagerunbekannte und wäre dann $4 - 3 = 1$fach statisch unbestimmt (Bild 30f).
Die statisch nicht bestimmbaren Stücke müssen mit Hilfe der **Elastizitätsgleichungen** aus den Formänderungen der Träger ermittelt werden. Der **Durchlaufträger** über mehr Stützen ist auch statisch unbestimmt.

> Ein Träger mit n-Stützen ist
> $(n + 1) - 3 = n - 2$fach statisch unbestimmt, wenn ein Lager fest und alle anderen beweglich sind.

Ein Träger über vier Stützen ist $4 - 2 = 2$fach statisch unbestimmt (Bild 30g).
Einen Durchlaufträger kann man durch Anordnung von Gelenken in einen **Gelenkträger** (auch Gerberträger) umwandeln und ihn so statisch bestimmt machen.

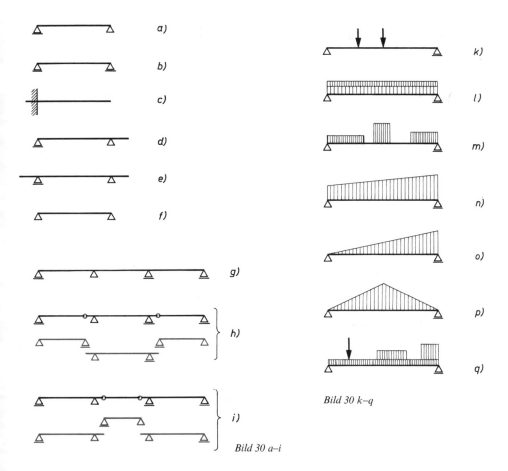

Bild 30 k–q

Bild 30 a–i

3.3 Belastungsarten

Man unterscheidet zunächst zwischen **Eigengewichten** und **Nutz- und Verkehrslasten.** Eigengewichte sind immer vorhanden bei jeder Konstruktion; Nutz- und Verkehrslasten können aufgebracht und auch wieder entfernt werden. Beide Arten der Belastung können auftreten als **Einzelkräfte** (Bild 30k).

Aus einem Dreifeldträger wird ein Träger auf zwei Stützen mit zwei Kragarmen, der beiderseits mit einem Einfeldträger auf dem Kragarm belastet wird, wenn man im ersten und dritten Feld je ein Gelenk anordnet (Bild 30h); wenn man zwei Gelenke im Mittelfeld anordnet, entstehen zwei Träger auf zwei

Stützen mit Kragarm, die an den Kragarmenden von dem Träger auf zwei Stützen, einem **Einhängeträger,** belastet werden (Bild 30i).

Streckenlasten gleichmäßig verteilt auf die ganze Trägerlänge (Bild 30l).

oder über Teile des Trägers (Bild 30m).

Trapez- oder Dreiecksbelastungen (Bild 30n und o).

über den ganzen Träger oder über Teile desselben oder als **gemischte Belastung** (Bild 30p und q).

29

3.4 Berechnungsarten, Vorzeichen

Vor Beginn der Untersuchung am Träger muß man Klarheit haben über die **Trägerlänge** (Stützweite), die **Auflagerart** und die **Belastung;** man fertigt eine **Systemskizze,** in der alles angegeben wird, was bekannt ist. Unbekannte Größen werden in allgemeiner Form, z. B. in Buchstaben angegeben (Bild 31).

Zunächst ermittelt man die **Auflagerkräfte** (Bid 31 a), sie müssen den einwirkenden Kräften, den **Belastungen,** entgegenwirken, müssen mit diesen im Gleichgewicht sein.

Man nennt das: **Gleichgewicht der äußeren Kräfte.** Durch Einwirken von **äußeren Kräften** entstehen im Träger **innere Kräfte,** die miteinander im Gleichgewicht sein müssen. Der Träger muß so **bemessen** werden, daß er den äußeren Kräften standhalten kann; dazu muß man die größten Schnittkräfte infolge der ungünstigsten Belastung (oder Laststellung) und auch die Stelle, an der sie auftreten, kennen. Diese Stelle nennt man „**gefährdeten Querschnitt";** bei senkrecht zur Stabachse angreifenden Kräften wird hier das **größte Biegemoment** auftreten.

Man kann Auflagerkräfte und Biegemomente grafisch mit dem Seileck und auch rechnerisch mit der Momentengleichung ermitteln. In der Praxis wird das rechnerische Verfahren bevorzugt, die Rechnung aber durch Skizzen veranschaulicht.

Im Kapitel 4.1. werden beide Verfahren an einem einfachen Beispiel erläutert.

Folgende Vorzeichenregel ist gebräuchlich:

> **Auflagerkräfte** sind positiv, wenn das Auflager gedrückt wird,
> und negativ, wenn es auf Zug beansprucht oder der Träger abgehoben wird.

(Bild 31 b und c).

Bild 31 e–k

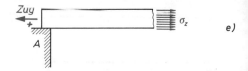

e)

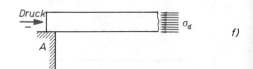

f)

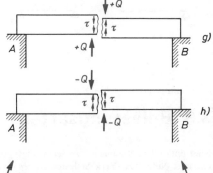

g)

h)

Bild 31 a–d

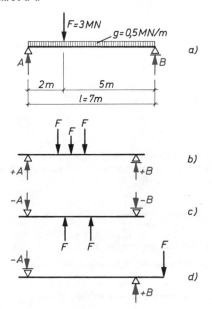

a)

b)

c)

d)

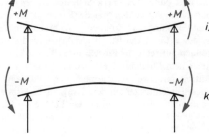

i)

k)

Bei einem Träger auf zwei Stützen mit Kragarm kann eine Auflagerkraft positiv und die andere negativ wirken (Bild 31 d).

und als negativ im umgekehrten Falle (Bild 31 g und h).

Bei den **Normalkräften** (Längskräfte) sind Zugkräfte positiv und Druckkräfte negativ.

(Bild 31 e und f)

Eine **Querkraft** wird als positiv bezeichnet, wenn sie den links vom Schnitt liegenden Träger nach oben verschieben will

---

Ein **Biegemoment** wird als positiv bezeichnet, wenn ein waagrechter Balken infolge Belastung nach unten durchgebogen wird, die Kräfte an den Trägerenden also nach innen drehen und negativ im umgekehrten Falle.

(Bild 31 i und k). Bei Durchlaufsystemen und Trägern auf zwei Stützen mit Kragarmen, wechseln die Momente ihre Vorzeichen.

4 Der einfache Träger auf zwei Stützen Ermittlung der Schnittkräfte bei Belastung durch

4.1 eine Einzellast

rechnerisch

Die Gleichgewichtsbedingung $\Sigma H = 0$ führt zu keinem Ergebnis; da keine horizontale Kraft vorhanden ist, kann auch keine horizontale Reaktionskraft am Auflager auftreten. Die Gleichgewichtsbedingung $\Sigma V = 0$ liefert eine Gleichung mit zwei Unbekannten $F = A + B$.

Die Momentengleichung $\Sigma M = 0$ bringt ein Ergebnis, wenn man den Drehpunkt in die Wirkungslinie einer der unbekannten Auflagerkräfte legt:

$\Sigma M_{(B)} = 0$

$A \cdot l - F \cdot b = 0$

$$\boxed{A = \frac{F \cdot b}{l}} \quad = \frac{5 \cdot 3}{4} = \frac{15}{4} = \textbf{3,75 MN}$$

(Bild 32 a).
Bei Annahme des Drehpunktes im Lager A kann man auch

$$\boxed{B = \frac{F \cdot a}{l}}$$

Bild 32 a

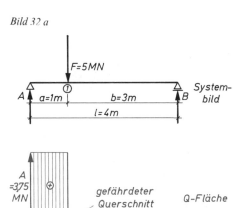

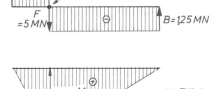

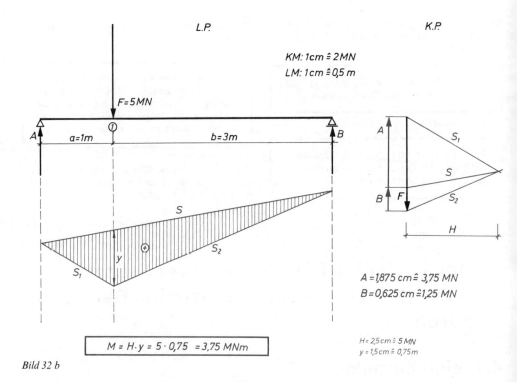

$KM: 1cm \triangleq 2MN$

$LM: 1cm \triangleq 0,5\,m$

$F = 5MN$

$a = 1m$ $b = 3m$

$A = 1,875\,cm \triangleq 3,75\,MN$

$B = 0,625\,cm \triangleq 1,25\,MN$

$M = H \cdot y = 5 \cdot 0,75 = 3,75\,MNm$

$H = 2,5\,cm \triangleq 5\,MN$

$y = 1,5\,cm \triangleq 0,75\,m$

Bild 32 b

erhalten. Da aber (für den allgemeinen Fall) jetzt nur noch eine Lagerunbekannte vorhanden ist, kommt man mit der Gleichgewichtsbedingung $\Sigma V = 0$ auch weiter; es muß jetzt sein:

$$B = F - A \quad = 5 - 3,75 = \mathbf{1,25\ MN}$$

In der Querkraftfläche werden alle senkrecht zur Stabachse wirkenden Kräfte aufgetragen nach Größe und Richtung, am Auflager A beginnend.
Um einen „Sprung" der **Querkraft** feststellen zu können, muß man an den mit Einzelkräften belasteten Stellen diese jeweils links und rechts von der Wirkungslinie ermitteln.

$Q_{Al} = 0$

$Q_{Ar} = A = 3,75\ MN = Q_{1l}$

$Q_{1r} = Q_{1l} - F = 3,75 - 5,00 = -1,25\ MN = Q_{Bl}$

$Q_{Br} = Q_{Bl} + B = \quad 1,25 + 1,25 = 0$

Die erste und letzte Zeile braucht nicht angeschrieben zu werden, denn bei Al und Br muß die Querkraft „Null" sein.

In der Wirkungslinie von F, an der Stelle (1) wechselt die Querkraft das Vorzeichen, man erhält hier einen **Querkraftnullpunkt,** den **gefährdeten Querschnitt.**
An dieser Stelle muß das **maximale Biegemoment** auftreten. Denkt man sich den Träger an dieser Stelle geschnitten, so kann man für die linke Seite anschreiben

$$M_1 = A \cdot a \quad = 3,75 \cdot 1 = \mathbf{3,75\ MNm}$$

$A \cdot a$ ist aber auch der Inhalt der **Querkraftfläche** vom Auflage A bis zum Schnittpunkt (1). Wenn man die rechte Seite betrachtet, muß man die Vorzeichen vertauschen (Bild 31 g und h) und kann anschreiben

$$M_1 = B \cdot b \quad = 1,25 \cdot 3 = \mathbf{3,75\ MNm}$$

Die positive und die negative Querkraftfläche sind gleich groß, oder **die algebraische Summe der Querkraftfläche muß Null sein.**

Hier hat man optisch noch eine Kontrolle für die Größen der Auflagerkräfte; außerdem läßt sich das maximale Biegemoment, besonders bei Streckenbelastungen, oft schneller aus der Querkraftfläche berechnen.

An den Auflagern ist das Biegemoment Null; das Auflager kann kein Moment aufnehmen, außerdem läßt es sich leicht nachprüfen; legt man durch B eine Schnittlinie und schreibt für die linke Seite an, so ergibt sich

$$M_B = A \cdot l - F \cdot b = 0$$

An der Stelle 1 trägt man das **Maximalmoment** an; wenn man die drei Punkte A, B, 1 verbindet, ergibt sich als Momentenfläche ein Dreieck; das Moment nimmt von Null bis zum Punkt 1 linear zu und von da bis B wieder linear ab.

grafisch

Im Kräfteplan (Bild 32 b) trägt man F (hier entsprechend einer Resultierenden, allgemein: Summe aller F) an. Die Seilstrahlen 1 und 2 müssen sich im Lageplan in der Wirkungslinie der „Resultierenden" schneiden, also an der Stelle 1; eine Verlängerung bis

zu den Wirkungslinien der Auflagerkräfte A und B ergibt dort Schnittpunkte, deren Verbindungslinie man als **Schlußlinie „S"** bezeichnet. In den Kräfteplan parallel verschoben, daß „S" durch den Pol (Schnittpunkt von S_1 mit S_2) geht, teilt „S" die „Resultierende" in die beiden Gegenkräfte A und B. Im Lageplan schließen Seilstrahl 1, 2 und S ein Dreieck ein, die **Momentenfläche,** die man nun auf eine Horizontale projizieren kann.

> Die Größe des Momentes ergibt sich zu Polabstand H (Kräftemaßstab) mal y (Längenmaßstab).

Die grafische „Ermittlung" ist sehr anfällig gegen Fehler (zwei verschiedene Maßstäbe) und wird wenig angewendet.

Bild 33

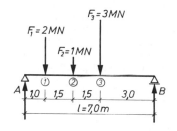

4.2 mehrere Einzellasten

$\Sigma M_{(B)} = 0$

$A \cdot 7 - 2 \cdot 6 - 1 \cdot 4{,}5 - 3 \cdot 3 = 0$

$A = \dfrac{12 + 4{,}5 + 9}{7} = \dfrac{25{,}5}{7} = \mathbf{3{,}65\ MN}$

$\Sigma V = 0$

$B = \Sigma F - A$

$\quad = (2 + 1 + 3) - 3{,}65 = 6{,}00 - 3{,}65 = \mathbf{2{,}35\ MN}$

Querkraftrechnung

$Q_{Ar} = Q_{1l} = + 3{,}65\ MN$

$Q_{1r} = 3{,}65 - 2 = + 1{,}65\ MN = Q_{2l}$

$Q_{2r} = + 1{,}65 - 1 = + 0{,}65\ MN = Q_{3l}$

$Q_{3r} = + 0{,}65 - 3{,}0 = - 2{,}35\ MN = Q_{Bl}$

Der Vorzeichenwechsel liegt an der Stelle 3, hier muß das größte Biegemoment auftreten (Bild 33).

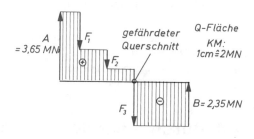

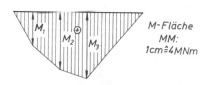

3 Statik kub

Zur Kontrolle werden hier die Momente an den Stellen 1, 2 und 3, und zwar aus der Querkraftfläche von links ermittelt:

$M_1 = 3,65 \cdot 1 = \textbf{3,65 MN}$
$M_2 = M_1 + 1,65 \cdot 1,5 = 3,65 + 2,475 = \textbf{6,125 MNm}$
$M_3 = M_1 + M_2 + 0,65 \cdot 1,5 = 6,125 + 0,975$
$\quad = \textbf{7,100 MNm}$

oder von rechts

$M_3 = 2,55 \cdot 3 = \textbf{7,05 MNm}$

Kleine Ungenauigkeiten in der letzten Stelle werden sich fast immer ergeben, da die Auflagekräfte ja nicht ganz genau gerechnet sind.

4.3 eine schräge Einzellast

Die unter dem Winkel α geneigte Einzellast wird zunächst mit Hilfe der Winkelfunktionen zerlegt in

$F_v = F \cdot \sin \alpha = 5,0 \cdot 0,87 = \textbf{4,35 MN}$
$F_h = F \cdot \cos \alpha = 5 \cdot 0,5 \quad = \textbf{2,5 MN}$

Aus $\Sigma H = 0$ ergibt sich, da B ein loses Lager ist,

$A = F_h = 2,5$ MN

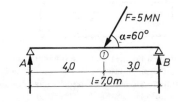

Der Träger wird auf der Strecke A bis (1) auf Druck beansprucht. In der **Normalkraftfläche** muß man jetzt auf dieser Strecke die Kraftgröße F_h bzw. A_h senkrecht zur Trägerachse angeben, am besten durch Maßpfeile, schraffiert aber diese Fläche in Richtung der Stabachse. Die vertikalen Auflagerkräfte ergeben sich

$\Sigma M_{(B)} = 0$
$A_v \cdot 7 - 4,35 \cdot 3 = 0$
$A_v = \dfrac{4,35 \cdot 3}{7} = \textbf{1,86 MN}$ (genau 1,8643 . . .)
$\Sigma V = 0$
$B_v = 4,35 - 1,86 = \textbf{2,49 MN}$ (Bild 34).

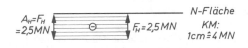

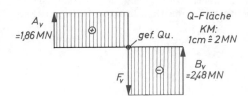

Das maximale Biegemoment wird an der Stelle 1 (gefährdeter Querschnitt)

$M = A_v \cdot 4 = 1,86 \cdot 4 = \textbf{7,44 MNm}$ oder
$B_v \cdot 3 = 2,49 \cdot 3 = \textbf{7,47 MNm}$

Bild 34

4.4 durchgehende Streckenlast, gleichmäßig verteilt

Infolge Symmetrie erkennt man, daß

$$A = B = \frac{p \cdot l}{2} = \frac{500 \cdot 7}{2} = \textbf{1750 kN}$$

sein muß. In der Querkraftfläche kann man A und B gleich antragen.
Wenn man sich nun vorstellt, daß die gleichmäßig verteilte Last entstanden ist aus ganz kleinen aneinandergereihten Paketen, dann wäre die Querkraft-

linie eine Treppe mit vielen Steigungen, für die man schließlich eine schräg liegende Gerade setzen kann. Das bedeutet, daß die Querkraft gleichmäßig von + A auf − B abnimmt und so zwei Dreiecke entstehen, deren algebraische Summe wieder Null ergeben muß (Bild 35).

Der Querkraftnullpunkt liegt in $\dfrac{l}{2}$ und wird allgemein von A aus mit x bezeichnet. Die Momentenermittlung aus der Querkraftfläche geht am schnellsten, es wird

$$\max M = \frac{A \cdot x}{2} \qquad = \frac{A \cdot \dfrac{l}{2}}{2} = \frac{1750 \cdot 3{,}5}{2}$$
$$= 3060 \text{ kNm}$$

oder mit „Kraft mal Hebelarm" für die Stelle x in $\dfrac{l}{2}$:

$$\max M = A \cdot x - p \cdot x \cdot \frac{x}{2} \qquad =$$

$$= 1750 \cdot 3{,}5 - 500 \cdot 3{,}5 \cdot 1{,}75$$
$$= 6120 - 3060 = \textbf{3060 kNm}$$

Wenn man die allgemeine Form vereinfacht, ergibt sich eine häufig verwendete Formel für das maximale Biegemoment, in der die Auflagerkraft nicht mehr vorkommt

$$A \cdot x - p \cdot x \cdot \frac{x}{2}$$

für x wird $\dfrac{l}{2}$ und für $A = \dfrac{p \cdot l}{2}$ eingesetzt:

$$\frac{p \cdot l}{2} \cdot \frac{l}{2} - p \cdot \frac{l}{2} \cdot \frac{l}{4} = \frac{p \cdot l^2}{4} - \frac{p \cdot l^2}{8} =$$

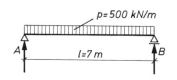

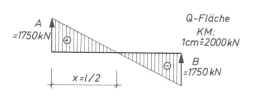

Q-Fläche
KM:
1cm ≙ 2000kN

max M
=3060 kNm

M-Fläche
MM:
1cm ≙ 2000kNm

Bild 35

$$\frac{p \cdot l^2}{8} = \max M$$

bei diesem Beispiel:

$$\max M = \frac{500 \cdot 7^2}{8} = \textbf{3060 kNm}$$

Ein weiterer Vorteil liegt in der einfachen Handhabung am Rechenschieber: Ohne Zwischenergebnis wird das Endergebnis in der Quadratteilung abgelesen.

4.5 gleichmäßig verteilte Streckenlast über einen Trägerteil, am Auflager A beginnend

$\Sigma M_{(B)} = 0$

$A \cdot 7 - 300 \cdot 5 \cdot \left(2 \mid \dfrac{5}{2}\right) = 0$

$A = \dfrac{300 \cdot 5 \cdot 4{,}5}{7} = \textbf{965 kN}$

$\Sigma V = 0$

$B = (300 \cdot 5) - 965 = \textbf{535 kN}$

Da die Streckenlast nicht über den ganzen Träger wirkt, muß $Q_1 = Q_{Bl}$ sein, das bedeutet, die Querkraft kann sich in diesem Bereich nicht verändern; von + A nach Q_1 nimmt sie gleichmäßig ab.
Aus der Darstellung ergibt sich, daß an der Stelle x die Querkraft Null ist:

3*

$$Q_x = 0 = A - p \cdot x \text{ und } x = \frac{A}{p}$$

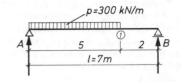

$$= \frac{965}{300} = \textbf{3,22 m} \text{ (Bild 36)}.$$

Das maximale Moment an der Stelle x wird

$$M_x = \frac{A \cdot x}{2} = \frac{965 \cdot 3,22}{2} = \textbf{1555 kNm} \text{ und}$$

$$M_1 = B \cdot 2 = 535 \cdot 2 = \textbf{1070 kNm}$$

oder von links

$$M_1 = M_x - \frac{535 \cdot 1,78}{2} = 1555 - 475 = \textbf{1070 kNm}$$

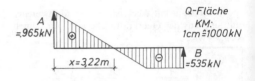

Die Momentenlinie verläuft zwischen 1 und B geradlinig und schließt im Punkt 1 tangential an einen Parabelabschnitt an.

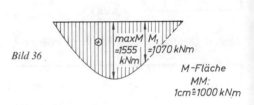

Bild 36

4.6 gleichmäßig verteilte Streckenlast als Teil irgendwo auf dem Träger

$$\Sigma M_{(B)} = 0$$

$$A \cdot 8 - 500 \cdot 4 \left(3 + \frac{4}{2} \right) = 0$$

$$A = \frac{500 \cdot 4 \cdot 5}{8} = \textbf{1250 kN}$$

$$\Sigma V = 0$$

$$B = (500 \cdot 4) - 1250 = \textbf{750 kN}$$

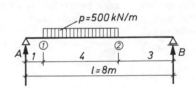

Von A bis 1 und von 2 bis B wird sich die Querkraft nicht verändern und zwischen 1 und 2 gleichmäßig abnehmen.
Da die Querkraft an der Stelle 1 genauso groß ist wie an der Stelle A, führt man zur Ermittlung des Querkraftnullpunktes eine Hilfsgröße z ein

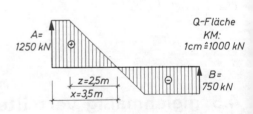

$$z = \frac{Q_1}{p} = \frac{A}{p} = \frac{1250}{500} = \textbf{2,5 m}$$

$$x = 1 + 2,5 = 3,5 \text{ m}$$

(Bild 37)

Die Momente ergeben sich:

$$M_1 = A \cdot 1 = 1250 \cdot 1 = \textbf{1250 kNm}$$

$$M_x = \max M = 1250 + \frac{1250 \cdot 2,5}{2}$$

$$1250 + 1565 = \textbf{2815 kNm}$$

$$M_2 = B \cdot 3 = 750 \cdot 3 = \textbf{2250 kNm}$$

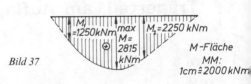

Bild 37

Momentenlinie zwischen A und 1 sowie 2 und B geradlinig, dazwischen Parabelabschnitt tangential angeschlossen.

4.7 Streckenlast durchgehend und Einzellast

$\Sigma M_{(B)} = 0$

$A \cdot 8 - 2 \cdot 3 - 0{,}300 \cdot 8 \cdot 4 = 0$

$A = \dfrac{6{,}0 + 9{,}6}{8} = \dfrac{15{,}6}{8} = \mathbf{1{,}95\ MN}$

$\Sigma V = 0$

$B = (2{,}0 + 0{,}3 \cdot 8) - 1{,}95 = 4{,}4 - 1{,}95 = \mathbf{2{,}45\ MN}$

Querkräfte

$Q_{1l} = A - g \cdot a = +\ 1{,}95 - 1{,}5 = +\ 0{,}45\ MN$

$Q_{1r} = +\ 0{,}45 - 2{,}0 = -\ 1{,}55\ MN$

Querkraftnullpunkt (gefährdeter Querschnitt) in der Wirkungslinie von F an der Stelle (1)

$\max M = M_1 = \dfrac{1{,}95 + 0{,}45}{2} \cdot 5 = \dfrac{2 \cdot 4}{2} \cdot 5$

$\qquad = \mathbf{6\ MNm}$ (Bild 38).

Die Momentenfläche bei gemischter Belastung kann man genau erhalten, wenn man die **Einzelmomentenflächen grafisch überlagert**, also addiert oder für verschiedene Punkte des Trägers die Momente rechnerisch ermittelt, die Werte aufträgt und diese Punkte verbindet. In der Praxis wird dies jedoch nur in wenigen Fällen notwendig sein, z. B. im Stahlbetonbau für eine Bemessung mit **Momentendeckung**; man begnügt sich meist mit einer Skizze, aus der der **Momentenverlauf** hervorgeht.

Die Querkraftfläche sollte immer maßstäblich dargestellt werden, denn sie zeigt, wo **Momentengrößtwerte** auftreten.

4.8 Streckenlasten und Einzellast

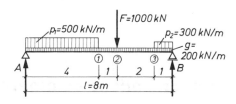

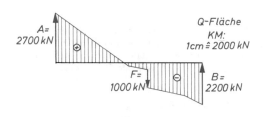

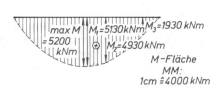

Bild 39

$\Sigma M_{(B)} = 0$

$A \cdot 8 - 200 \cdot 8 \cdot 4 - 500 \cdot 4 \cdot 6 - 300 \cdot 1 \cdot 0{,}5 - 1000 \cdot 3 = 0$

$A = \dfrac{6400 + 12000 + 150 + 3000}{8} = \dfrac{21550}{8} = \mathbf{2700\ kN}$

$\Sigma V = 0$

$B = (1600 + 300 + 1000 + 2000) - 2700$

$\qquad = 4900 - 2700 = \mathbf{2200\ kN}$

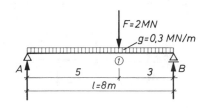

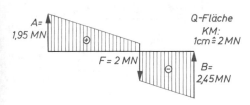

Bild 38

Querkraftrechnung

$$Q_1 = 2700 - (500 + 200) \cdot 4 = 2700 - 2800$$
$$= -\mathbf{100 \ kN}$$
$$Q_{21} = -100 - 200 \cdot 1 = -\mathbf{300 \ kN}$$
$$Q_{2r} = -300 - 1000 = -\mathbf{1300 \ kN}$$
$$Q_3 = -1300 - 200 \cdot 2 = -\mathbf{1700 \ kN}$$
$$Q_{Bl} = -1700 - (200 + 300) \cdot 1 = -\mathbf{2200 \ kN}$$

Querkraftnullpunkt

$$x = \frac{2700}{700} = \mathbf{3{,}86 \ m} \text{ von A entfernt.}$$

Momente (aus der Querkraftfläche):

$$\max M = M_x = \frac{2700 \cdot 3{,}86}{2} = \mathbf{5200 \ kNm}$$

$$M_1 = \max M - \frac{0{,}14 \cdot 100}{2} = 5200 - 70 = \mathbf{5130 \ kNm}$$

$$M_2 = M_1 - \left(\frac{100 + 300}{2}\right) \cdot 1 = 5130 - 200$$
$$= \mathbf{4930 \ kNm}$$

$$M_3 = M_2 - \left(\frac{1300 + 1700}{2}\right) \cdot 2 = 4930 - 3000$$
$$= \mathbf{1930 \ kNm}$$

oder von rechts

$$M_3 = \frac{2200 + 1700}{2} \cdot 1 = \frac{3900}{2} = 1950 \ kNm$$

mit den errechneten Werten wird die Momentenfläche skizziert.

4.9 Einzellast an einem Holm angreifend

Festes Lager in A.

Die horizontale Last erzeugt im waagrechten Träger zwischen A und (1) eine Zugbeanspruchung. Außerdem erzeugt die horizontale Last am Holm (Moment) in den Lagern noch vertikale Gegenkräfte

$$\Sigma M_{(B)} = 0$$
$$A_v \cdot 5 + 2 \cdot 1 = \mathbf{0}$$
$$A_v = -\frac{2 \cdot 1}{5} = -\mathbf{0{,}4 \ MN}$$

Das negative Vorzeichen widerlegt die Annahme der Richtung von A in der Systemskizze. A wirkt tatsächlich von oben nach unten; der Träger muß hier gegen Abheben verankert werden.

Aus $\Sigma V = 0$ folgt: $B_v = -A_v = +\mathbf{0{,}4 \ MN}$ (Bild 40).

Die Summe der Querkraftfläche ist wieder Null. An der Stelle (1) wechselt die Querkraft das Vorzeichen. Hier werden die Momente untersucht. Für diese Stelle muß die **Summe der Momente Null sein, wenn der Träger im Gleichgewicht sein soll.**

Vorzeichenregel: $(+)$ rechtsdrehende Momente sind positiv

$$M_{1o} = +2 \cdot 1 \quad = +2 \quad \text{MNm}$$
$$M_{1l} = -0{,}4 \cdot 3 = -1{,}2 \ \text{MNm}$$
$$M_{1r} = -0{,}4 \cdot 2 = -0{,}8 \ \text{MNm}$$
$$\Sigma M = -0$$

Die Momentenflächen werden jeweils an der gezogenen Seite des Trägers angetragen.

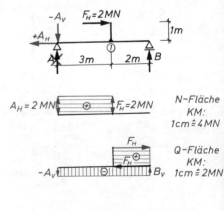

$$A_H = 2 \ MN \qquad F_H = 2 \ MN$$

N-Fläche
KM:
1cm ≙ 4MN

Q-Fläche
KM:
1cm ≙ 2MN

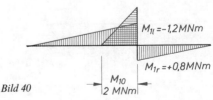

$M_{1l} = -1{,}2 \ MNm$

$M_{1r} = +0{,}8 \ MNm$

M_{1o}
2 MNm

Bild 40

5 Der schräge und geknickte Träger auf zwei Stützen

Sollen diese Träger statisch bestimmt sein, so gelten die gleichen Bedingungen wie für waagrechte und gerade Träger; ein Lager muß fest sein, das andere beweglich.

Die Kräfte werden in vertikale und horizontale Komponenten zerlegt – es entstehen dann auch horizontale und vertikale Auflagerreaktionen.

Querkräfte sind auch hier alle **senkrecht zur Stabachse** wirkenden Kräfte und **Normalkräfte** sind alle in **Richtung der Stabachse** wirkenden Kräfte. Entsprechend müssen alle Kräfte zerlegt werden in senkrecht und parallel zur Stabachse wirkende Komponenten.

5.1 der schräge Träger

Das feste Lage A kann horizontale und vertikale Kräfte, das Lager B nur vertikale Kräfte aufnehmen.

$$\tan \alpha = \frac{2}{3} = 0{,}66$$

$\alpha = 33{,}5°$

$\sin \alpha = 0{,}55$

$\cos \alpha = 0{,}83$

Die Kraft F wird zerlegt

$F_v = F \cdot \cos \alpha = 5 \cdot 0{,}83 = 4{,}15$ MN

$F_h = F \cdot \sin \alpha = 5 \cdot 0{,}55 = 2{,}75$ MN (Bild 41).

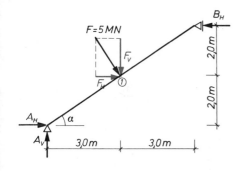

Bild 41

Die vertikale Kraft-Komponente kann nur vom Lager A aufgenommen werden.

$\Sigma V = 0$

$A_v = F_v = $ **4,15 MN** (von unten nach oben)

Die Momentgleichung um B liefert die horizontale Auflagerkraft in A

$\Sigma M_{(B)} = 0$

$- A_h \cdot 4 + 4{,}15 \cdot 6 - 2{,}75 \cdot 2 - 4{,}15 \cdot 3 = 0$

$A_h = \dfrac{24 \cdot 9 - 5{,}5 - 12{,}45}{4} = \dfrac{+ 24 \cdot 9 - 17{,}95}{4}$

$= \dfrac{+ 6{,}95}{4} = + \mathbf{1{,}75}$ **MN**

Das positive Vorzeichen bestätigt die angenommene Richtung von A_h (Druck).

Aus der Gleichgewichtsbedingung $\Sigma H = 0$ ergibt sich für

$B_h = 2{,}75 + 1{,}75 = $ **4,5 MN** (von links nach rechts, also Druck).

Die vertikalen und horizontalen Kräfte werden nun zerlegt in rechtwinklig und parallel zur Stabachse wirkende Kräfte, die **Querkräfte** und die **Normalkräfte.**

Die vertikale Auflagerkraft A_v wird zerlegt in eine

Querkraft

$$Q = A_v \cdot \cos \alpha$$

und in eine Normalkraft

$$N = A_v \cdot \sin \alpha$$

(Bild 42).

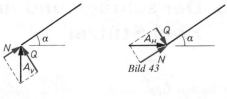

Bild 43

Bild 42

Die horizontale Auflagerkraft A_h wird zerlegt in eine

Normalkraft

$$N = A_h \cdot \cos \alpha$$

und eine Querkraft

$$Q = A_h \cdot \sin \alpha$$

(Bild 43).

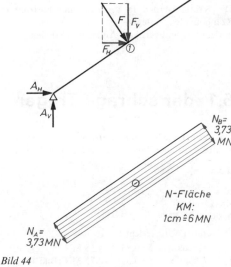

Bild 44

Die gesamte Querkraft wird für jeden beliebigen Punkt eines unter dem Winkel α geneigten Träger

$$Q = V \cdot \cos \alpha - H \cdot \sin \alpha$$

und die gesamte Normalkraft

$$-N = V \cdot \sin \alpha + H \cdot \cos \alpha$$

Hierbei muß als Vorzeichenregel eingeführt werden

Bild 45

V positiv von unten nach oben $(+)$
H positiv von links nach rechts $(+)$

Der Winkel α wird entgegen dem Uhrzeigersinn gemessen; die Vorzeichen der Winkelfunktionen ergeben sich aus der Trigonometrie.

Eine Normalkraft, die Druck erzeugt, wird als negativ $(-)$ bezeichnet.

Normalkräfte und Normalkraftfläche

$$-N_A = -N_{11} = V \cdot \sin \alpha + H \cdot \cos \alpha$$

$$= 4{,}15 \cdot 0{,}55 + 1{,}75 \cdot 0{,}83$$
$$= 2{,}28 + 1{,}45 = 3{,}73 \text{ MN}$$

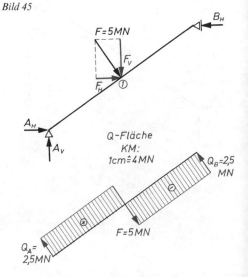

40

$N_A = N_{11} = -3.73$ MN (Druck)
Für die Stelle $1_r = B$ ergibt sich
$V = A_v - F_v = 0$
$H = A_h + F_h = +1.75 + 2.75 = +4.5$ MN
$-N_{1r} = 0 + 4.5 \cdot 0.83 = 3.73$ MN
$N_{1r} = N_B = -3.73$ MN (Druck) (Bild 44).
Der Träger wird von A bis B auf Druck beansprucht.

Querkräfte und Querkraftfläche

$$Q_A = Q_{11} = V \cdot \cos \alpha - H \cdot \sin \alpha$$

$= 4.15 \cdot 0.83 - 1.75 \cdot 0.55$
$= 3.45 - 0.95 = +$ **2,5 MN**

An der Stelle 1 tritt ein Sprung in der Querkraft auf um
das Maß $F = 5$ MN.
Q_{1r} muß also $+2.5 - 5.0 = -2.5$ MN sein, entsprechend Q_B, da auf der Strecke 1 bis B keine Kraft mehr
wirkt.
Das läßt sich mit der allgemeinen Formel

$$Q = V \cdot \cos \alpha - H \cdot \sin \alpha$$

nachprüfen.
Der gefährdete Querschnitt liegt an der Stelle 1;
hier muß das größte Biegemoment auftreten (Bild 45).
$M_1 = A_v \cdot 3 - A_h \cdot 2$
$\quad = 4.15 \cdot 3 - 1.75 \cdot 2$
$\quad = 12.45 - 3.50 =$ **8,95 MNm**

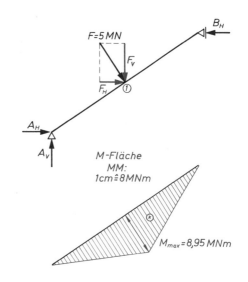

Bild 46

Wenn man die wahre Trägerlänge mit Hilfe der Win-
kelfunktionen ermittelt, kann man das maximale
Biegemoment auch aus der Querkraftfläche ermitteln
(Bild 46).

5.2 der geknickte Träger

Die Untersuchung erfolgt wie beim schrägen Träger
$\tan \alpha = \dfrac{3}{5} = 0.6$

$\quad \alpha = 31°$
$\sin \alpha = 0.515$
$\cos \alpha = 0.855$

Das bewegliche Lager kann nur vertikale Kräfte
aufnehmen (Bild 47).
Aus der Gleichgewichtsbedingung
$\Sigma M_{(B)} = 0$ wird
$A_v \cdot 9 - 3.0 \cdot 4 \cdot 2 = 0$

$A_v = \dfrac{3 \cdot 4 \cdot 2}{9} = \dfrac{24}{9} =$ **2,67 MN**

Aus der Gleichgewichtsbedingung
$\Sigma V = 0$ wird
$B_v = (3.0 \cdot 4) - 2.67 =$ **9,33 MN**

Für das feste Lager in B wird nun mit der Momentengleichung die Horizontalkraft nachgeprüft, (Annahme B_h nach rechts)
$\Sigma M_{(A)} = 0$
$B_h \cdot 3 - 9.33 \cdot 9 + 3.0 \cdot 4 \cdot 7 = 0$
$B_h = \dfrac{84 - 84}{3} =$ **0**

Normalkräfte

$$-N_A = -N_{11} = A_v \sin \alpha + H \cdot \cos \alpha$$

$-N_A = -N_{11} = 2.67 \cdot 0.515 = 1.37$ MN
$N_A = N_{11} = -$ **1,37 MN** (Druck)

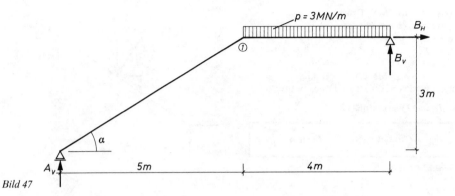

Bild 47

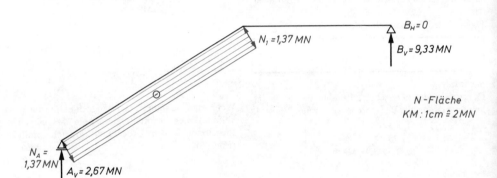

Bild 48

Bild 49

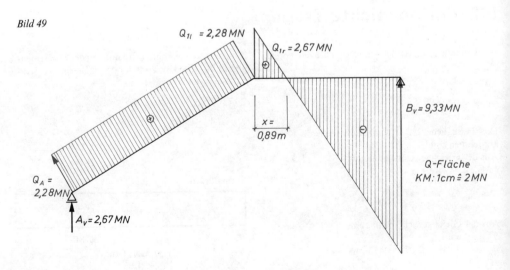

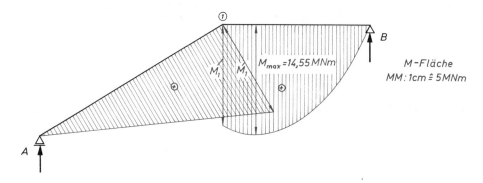

Bild 50

für den waagrechten Teil wird $x = 0$
und $\sin \alpha = 0$
$\quad \cos \alpha = 1$
$- N_{1r} = - N_B = 2,67 \cdot 0 + 0 \cdot 1 = 0$
(Bild 48)

Querkräfte

$$Q_A = Q_1 = A_v \cdot \cos \alpha - H \cdot \sin \alpha$$

$\quad = 2,67 \cdot 0,855 - 0 \cdot \sin x$
$\quad = 2,28 \text{ MN}$
$Q_{1r} = A_v \cdot \cos \alpha - H \cdot \sin \alpha$
$\quad = A_v \cdot 1 = 2,67 \text{ MN}$
$Q_B = 9,33 \text{ MN (Bild 49)}$

Der Querkraftnullpunkt liegt im Abstand x von Punkt 1

$$x = \frac{2,67}{3,0} = 0,89 \text{ m}$$

Das maximale Biegemoment liegt an der Stelle x und ermittelt sich von rechts aus der Querkraftfläche zu

$$\max M = \frac{B \cdot x'}{2} = \frac{9,33 \cdot 3,11}{2} = \textbf{14,55 MNm}$$

Das Moment an der Stelle 1 wird
$M_1 = A_v \cdot 5 = 2,67 \cdot 5 = \textbf{13,3 MNm}$
(Bild 50).

6 Der Krag- oder Freiträger, belastet mit

6.1 einer Einzellast

Es ist nur ein eingespanntes Lager vorhanden, das außer vertikalen und horizontalen Kräften auch Momente aufnehmen kann.
Der Träger ist statisch bestimmt. Die Last $F = 5$ MN muß vom Aufleger A ganz aufgenommen werden.
Es ist daher $A_v = F_v = \mathbf{5\ MN}$

Die Querkraftfläche ergibt ein Rechteck; der Vorzeichenwechsel liegt im Auflager A (der Träger geht eigentlich über die Wirkungslinie A hinaus).
Die gezogene Faser liegt oben, das Biegemoment erhält ein negatives Vorzeichen. Dieses **größte negative Moment** nennt man auch

minimales Biegemoment (Bild 51).

Da das Biegemoment am Kragarmende Null sein muß (hier wirkt wohl die Kraft, aber es ist kein Hebelarm vorhanden), wird die Momentenfläche ein Dreieck.

$M_A = -F \cdot l = -5 \cdot 3 = \mathbf{-15\ MNm}$

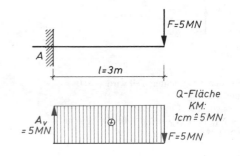

Bild 51

6.2 mehreren Einzellasten

Bild 52

Aus der Gleichgewichtsbedingung
$\Sigma V = 0$ wird
$A_v = F_1 + F_2 = 3 + 2 = \mathbf{5\ MN}$

Die Querkraftrechnung ergibt
$Q_{Ar} = A_v = +5{,}0\ \text{MN} = Q_{1l}$
$Q_{1r} = Q_{1l} - F_1 = +5{,}0 - 3{,}0$
$\qquad = +2{,}0\ \text{MN} = Q_{2l}$
$Q_{2r} = Q_{2l} - F_2 = +2{,}0 - 2{,}0 = 0\ \text{MN}$

Das maximale Biegemoment tritt in A auf und ergibt sich aus
$M_A = -P_1 \cdot 2 - P_2 \cdot 5$
$\qquad = -3 \cdot 2 - 2 \cdot 5 = -6 - 10$
$\qquad = \mathbf{-16\ MNm}$

Die Momentenfläche kann man sich aus den zwei Einzelmomentenflächen (die Dreiecke sind) entstanden denken. An der Stelle 1 entsteht ein Knick (Bild 52).

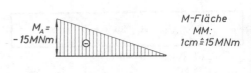

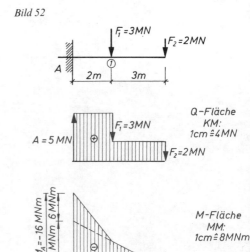

44

6.3 durchgehender Streckenlast, gleichmäßig verteilt

Die gesamte Streckenbelastung muß in A die Auflagerreaktion erzeugen.

Bild 53

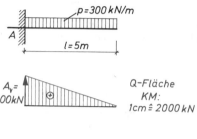

$A_v = 300 \cdot 5 = \mathbf{1500\ kN}$

Die Querkraft muß von $+\ A_v$ bis zum Kragarmende auf Null abnehmen; es entsteht ein Querkraftdreieck.

Das maximale Biegemoment tritt in A auf und wird aus der Querkraftfläche:

$$M_A = -\frac{1500 \cdot 5}{2} = -\mathbf{3750\ kNm}$$

oder aus der Belastung

$$M_A = -p \cdot l \cdot \frac{l}{2} = -\frac{p \cdot l^2}{2}$$

$$= \frac{-300 \cdot 5^2}{2} = -3750\ kNm$$

Die Momentenlinie ist eine Parabel (Bild 53).

6.4 Streckenlasten über Teile des Trägers

6.4.1 am Auflager beginnend

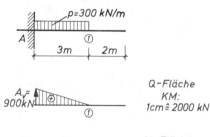

Biegemoment

an der Einspannstelle

$$M_A = -\frac{900 \cdot 3}{2} = -\mathbf{1350\ kNm}$$

oder

$$M_A = -\frac{300 \cdot 3^2}{2} = -1350\ kNm$$

Die Parabel läuft an der Stelle 1 aus (Bild 54).

6.4.2 am Kragarmende beginnend

$A_v = 300 \cdot 3 = 900\ kN$

Die Querkraft bleibt auf der Strecke A bis 1 konstant und nimmt dann bis zum Kragarmende gleichmäßig ab.

Bild 54

$A_v = 300 \cdot 3 = 900\ kN$
Querkraft am Auflager A = 900 kN, nimmt ab auf Null an der Stelle 1.

45

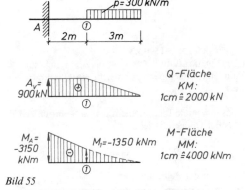

Bild 55

Die Querkraftfläche ist zusammengesetzt aus einem Rechteck und einem Dreieck. Das maximale Biegemoment an der Einspannstelle ist

$$M_A = -900 \cdot 2 - \frac{900 \cdot 3}{2}$$

$$= -1800 - 1350 = -\textbf{3150 kNm}$$

An der Stelle 1 wird das Biegemoment

$$M_1 = -\frac{300 \cdot 3}{2} = -\textbf{1350 kNm}$$

Die Momentenlinie verläuft von A bis 1 geradlinig und dann bis zum Kragarmende als Parabel (Bild 55).

Bild 56

6.5 Dreieckslasten

6.5.1 zum Kragarmende abnehmend

$$A_v = \frac{300 \cdot 5}{2} = 750 \text{ kN}$$

Die Querkraftfläche wird durch eine Parabel begrenzt, die in $l/2$ um das Maß $\dfrac{p \cdot l}{8}$ von der geradlinigen Verbindungslinie A_v in A bis 0 am Kragarmende „durchhängt". Das minimale Biegemoment an der Einspannstelle wird

$$M_A = -\frac{p \cdot l}{2} \cdot \frac{l}{3} = -\frac{p \cdot l^2}{6}$$

$$= -\frac{300 \cdot 5^2}{6} = -\textbf{1250 kNm} \text{ (Bild 56).}$$

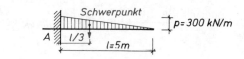

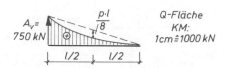

Bild 57

6.5.2 zum Kragarmende zunehmend

$$A_v = \frac{300 \cdot 5}{2} = \textbf{750 kN}$$

Die Querkraftfläche wird durch eine Parabel begrenzt, die in $l/2$ um das Maß $\dfrac{p \cdot l}{8}$ einen „Stich" hat gegenüber der geradlinigen Verbindungslinie A_v in A und 0 am Kragarmende.

Das minimale Biegemoment an der Einspannstelle wird

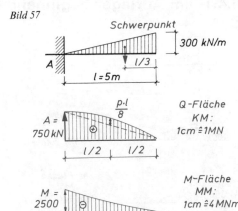

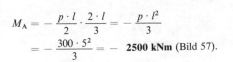

$$M_A = -\frac{p \cdot l}{2} \cdot \frac{2 \cdot l}{3} = -\frac{p \cdot l^2}{3}$$

$$= -\frac{300 \cdot 5^2}{3} = -\textbf{2500 kNm} \text{ (Bild 57).}$$

46

6.5.3 als gleichschenkliges Dreieck

Die Auflagerkraft wird ebenfalls

$$A_v = \frac{300 \cdot 5}{2} = \textbf{750 kN}$$

Das minimale Einspannmoment in A wird, da der Schwerpunkt der Last in $l/2$ liegt,

$$M_A = -\frac{p \cdot l}{2} \cdot \frac{l}{2} = \frac{p \cdot l^2}{4} = -\frac{300 \cdot 5^2}{4}$$

$$= -\textbf{1875 kNm} \text{ (Bild 58)}.$$

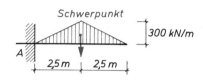

Bild 58

6.6 Trapezlasten

Man kann sich diese Trapezlast zerlegt denken in eine Streckenlast gleichmäßig verteilt und eine Dreieckslast zum Kragarmende abnehmend.

Nach Abschnitt 6,3 und 6,51 wird

$$A_v = p_1 \cdot l + \frac{p_2 \cdot l}{2} = 200 \cdot 5 + \frac{100 \cdot 5}{2}$$

$$= 1000 + 250 = \textbf{1250 kN}$$

$$M_A = -\frac{p_1 \cdot l^2}{2} - \frac{p_2 \cdot l^2}{6} = -\frac{200 \cdot 5^2}{2} - \frac{100 \cdot 5^2}{6}$$

$$= -1250 - 417 = -\textbf{1667 kNm} \text{ (Bild 59)}.$$

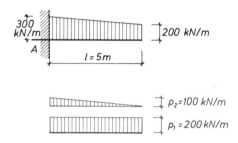

Bild 59

Bild 60

6.7 gemischter Belastung

$$A_v = 300 \cdot 5 + 500 = 1500 + 500 = 2000 \text{ kN}$$

Die Querkraftfläche kann man sich zusammengesetzt denken aus einem Rechteck (infolge Einzellast nach Abschnitt 6.1.) und einem Dreieck (infolge Streckenlast nach Abschnitt 6.3.).
Das Gesamt-Einspannmoment
M_A wird $M_1 + M_2$

$$= -F \cdot l - \frac{p \cdot l^2}{2}$$

$$= -500 \cdot 5 - \frac{300 \cdot 5^2}{2} = -2500 - 3750$$

$$= -\textbf{6250 kNm}$$

Die Gesamtmomentenfläche ergibt sich durch Überlagerung der beiden Teilmomentenflächen (Bild 60).

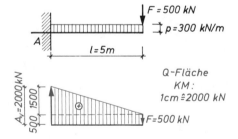

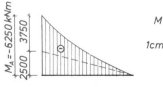

47

6.8 einer waagrechten Einzellast, an einem Holm angreifend

Infolge der starren Verbindung an der Stelle 1 wird $A_H = 4\,\text{MN}$ (Zug); der waagrechte Trägerteil wird also auf Zug beansprucht (Normalkraftfläche).

Der senkrechte Trägerteil wird auf Abscheren beansprucht (Querkraftfläche). An der Stelle 1 wechselt die Querkraft in eine Normalkraft.

Die gezogene Faser liegt, wie ein kleiner Versuch leicht beweist, beim waagrechten Trägerteil oben und beim senkrechten Trägerteil links (Systemskizze).

Das Biegemoment muß im senkrechten Teil von 0 auf 10 MNm bis zur Stelle 1 linear anwachsen und im waagrechten Teil dann konstant bleiben bis zur Einspannstelle (Momentenfläche) (Bild 61).

Bild 61

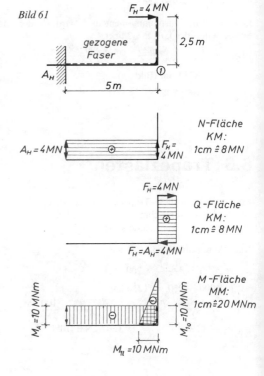

48

6.9 einem Moment, am Kragarmende angreifend

Im Auflager A muß ein Gegenmoment von der Größe 10 MNm auftreten; die gezogene Faser ist auf der ganzen Trägerlänge oben; die Momentenfläche wird ein Rechteck, da das Moment konstant bleibt auf die ganze Trägerlänge (Bild 62).

Doch wie groß ist die Auflagekraft in A? Das angreifende Moment 10 MNm ist das Produkt aus Kraft mal Hebelarm; da aber weder Kraft noch Hebelarm bekannt sind, kann man die Entstehung dieses Momentes nicht eindeutig angeben. Über die Größe der Auflagerkraft und deren Richtung kann man nichts aussagen.
Einige Beispiele zur Entstehung des Momentes (Bild 63):

Es ließe sich die Anzahl der Möglichkeiten angeben mit etwa

$$x = y \cdot \infty - z$$

aber das ist wohl nur mathematisch interessant.

Bild 62

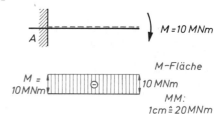

Bild 63

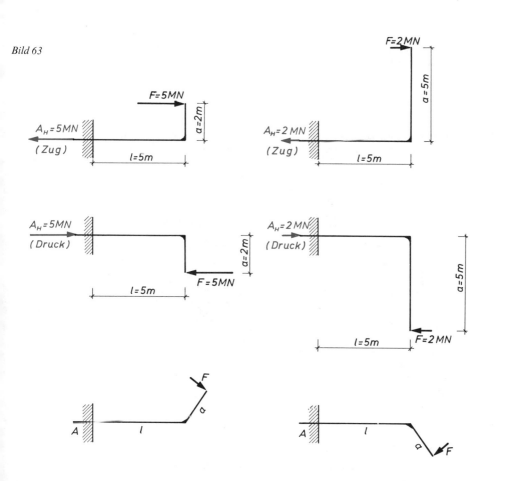

7 Der Träger auf zwei Stützen, mit einem Kragarm, belastet mit

7.1 einer Einzellast am Kragarmende

Ein Modellversuch mit einem Lineal auf zwei Bleistifte aufgelegt zeigt, daß der Träger am Lager A abgehoben wird infolge der Belastung am Kragarmende. Da die Richtung der Auflagerkraft A abhängig ist von der Trägerlänge und der Lastgröße (außerdem natürlich noch vom Gewicht des Trägers, das hier zunächst nicht berücksichtigt wird), nimmt man die Richtung von A meist positiv, das heißt von unten nach oben, an und wartet das Ergebnis der Rechnung ab.

Da also hier nicht nur die Größe von A, sondern auch die Richtung gesucht wird, legt man den Drehpunkt für die Momentengleichung zunächst in B (Bild 64)

$$\Sigma M_{(B)} = 0$$
$$A \cdot 7 + 5 \cdot 3 = 0$$
$$A = -\frac{5 \cdot 3}{7} = -\frac{15}{7} = -\textbf{2,14 MN}$$

Das negative Vorzeichen bedeutet, daß die angenommene Richtung von A falsch war, die Auflagerkraft ist von oben nach unten gerichtet. Der Träger muß also in A gegen Abheben gesichert werden durch Verankerung oder eine Auflast. Die Systemskizze wird daraufhin korrigiert.

Aus der Gleichgewichtsbedingung $\Sigma V = 0$ ergibt sich

$$B = A + F = 2,14 + 5,00 = \textbf{7,14 MN}$$

Die negative Auflagerkraft A wird jetzt wie eine Belastung betrachtet und bewirkt eine Vergrößerung der Auflagerkraft B. Zur Kontrolle wird die Momentengleichung in A angesetzt:

$$\Sigma M_{(A)} = 0$$
$$-B \cdot 7 + 5 \cdot 10 = 0$$
$$B = \frac{50}{7} = \textbf{7,14 MN}$$

Die Querkraftfläche zeigt einen Vorzeichenwechsel in B, hier muß also das „größte" Biegemoment auftreten. Der Versuch mit dem Lineal zeigt deutlich,

Bild 64

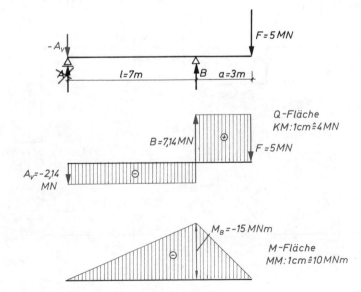

50

daß die gezogene Faser auf der ganzen Trägerlänge oben liegt; es kann also nur ein „größtes negatives" Moment, ein **minimales Biegemoment** auftreten im Auflager B

$M_B = -2{,}14 \cdot 7 = -$ **15 MNm** oder

$M_B = -5{,}0 \cdot 3{,}0 = -$ **15 MNm**

Die Werte entsprechen auch hier dem Inhalt der Querkraftfläche von A bis B und von B bis Kragarmende. Die Momentenfläche wird an der gezogenen Trägerseite, also oben, angetragen und ergibt ein Dreieck, da am Auflager A und am Kragarmende das Moment Null sein muß.

7.2 Einzellasten auf dem Kragarm und im Feld

Größe und Richtung von A ergibt sich aus der Momentengleichung um B

$\Sigma M_{(B)} = 0$

$A \cdot 7 - 6 \cdot 4 + 5 \cdot 3 = 0$

$A = \dfrac{24 - 15}{7} = +\dfrac{9}{7} = +$ **1,29 MN**

$\Sigma V = 0$

$B = 6 + 5 - 1{,}29 = 11 - 1{,}29 =$ **9,71 MN**

Die Querkraftfläche zeigt zwei Nullpunkte an den Stellen 1 und B

$M_1 = A \cdot 3 = +1{,}29 \cdot 3 = +$ **3,87 MNm**

$M_B = -5 \cdot 3 = -$ **15 MNm**

oder von links

$-1{,}29 \cdot 7 - 6 \cdot 4 = -9 + 24 = -$ **15 MNm**

oder aus der Querkraft von links

$+1{,}29 \cdot 3 - 4{,}71 \cdot 4 = +3{,}87 - 18{,}87$

$= -$ **15 MNm**

(Bild 65).

Die Momentenfläche zeigt außer einem Maximum (+ 3,87 MNm) und einem Minimum (− 15 MNm) einen **Momentennullpunkt.** Das positiver Moment wechselt in ein negatives Moment. An dieser Stelle könnte bei Überlängen zum Beispiel ein Träger gestoßen werden; die Verbindung könnte durch ein Gelenk oder durch Laschen erfolgen.

Wenn man diesen Momentennullpunkt in die Querkraftfläche hochlotet, sieht man, daß diese Verbindung jedoch auf Abscheren bemessen werden müßte.

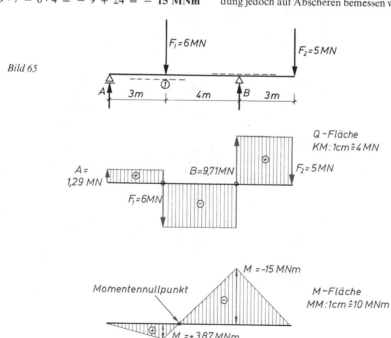

Bild 65

7.3 Streckenlast

$\Sigma M_{(B)} = 0$

$A \cdot 7 - 500 \cdot 7 \cdot 3,5 + 500 \cdot 3 \cdot 1,5 = 0$

$A = +\dfrac{12250 - 2250}{7} = +\dfrac{10000}{7} = \mathbf{1450\ kN}$

$\Sigma V = 0$

$B = (500 \cdot 10) - 1450 = \mathbf{3550\ kN}$

Um die Querkraftfläche auftragen zu können, muß man die Querkraft an der Stelle B ermitteln

$Q_{Bl} = A - p \cdot l = 1450 - 500 \cdot 7$
$\qquad = 1450 - 3500 = -2050\ kN$

$Q_{Br} = Q_{Bl} + B = -2050 + 3500 = +1500\ kN$
(Bild 66).

Da die Belastung auf der ganzen Trägerlänge gleich ist, muß die Neigung der Querkraftlinien A bis B und B bis Kragarmende parallel sein. Außerdem muß auch hier die Bedingung stimmen:
algebraische Summe der Querkraftfläche ist Null, wie in Abschnitt 4.1.

Der Querkraftnullpunkt im Feld ermittelt sich von A zu

$x = \dfrac{A}{p} = \dfrac{1450}{500} = \mathbf{2,9\ m}$

und die Momente ergeben sich dann

$M_x = \dfrac{A \cdot x}{2} = \dfrac{1450 \cdot 2,9}{2} = \mathbf{2100\ kNm}$

$M_B = -\dfrac{p \cdot a^2}{2} = -\dfrac{500 \cdot 3^2}{2} = -\dfrac{500 \cdot 9}{2}$

$\qquad = -\mathbf{2250\ kNm}$

oder aus der Querkraftfläche des Kragarmes

$-\dfrac{Q_{Br} \cdot a}{2} = -\dfrac{1500 \cdot 3}{2} = -\mathbf{2250\ kNm}$

Der Momentennullpunkt ergibt sich im Abstand $2\,x$ vom Auflager A

Bild 66

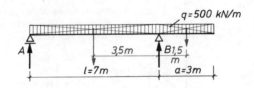

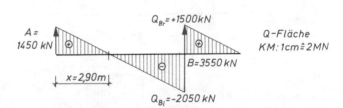

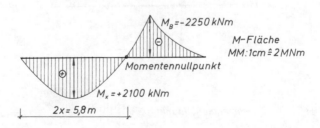

7.4 Streckenlasten unter Berücksichtigung der möglichen Laststellungen zur Ermittlung der ungünstigsten Schnittkräfte

Die Gesamtstreckenbelastung muß unterschieden werden zwischen Eigengewicht g und Verkehrs- oder Nutzlast p. Das Eigengewicht der Konstruktion ist immer vorhanden; die Verkehrslast kann aufgebracht und auch entfernt werden, über den ganzen Träger oder Teile desselben.

Es ergeben sich drei mögliche Laststellungen,

Lastfälle:

1) Verkehrslast nur im Feld
2) Verkehrslast nur auf dem Kragarm
3) Verkehrslast auf dem ganzen Träger (Bild 67).

Das größte Feldmoment ergibt sich aus dem Lastfall 1, Verkehrslast nur im Feld. Die zusätzliche Belastung des Kragarmes bringt eine Verkleinerung des Feldmomentes.

Lastfall 2, Verkehrslast nur auf dem Kragarm, bringt kleinste (minimale) Feldmomente, die sogar negativ werden können (wenn A negativ ist).

Das (zahlenmäßig) größte Stützmoment (mit negativem Vorzeichen), **das „minimale Stützmoment"**, ergibt sich bei Vollbelastung des Kragarmes, also im Lastfall 2 oder 3. Der Lastfall 1 bringt ein kleineres Stützmoment (mit negativem Vorzeichen) ein **„maximales Stützmoment"**.

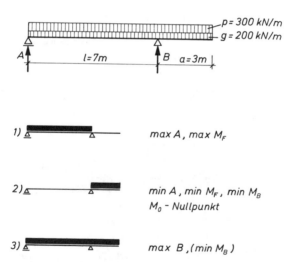

Bild 67

1) max A , max M_F

2) min A , min M_F , min M_B
   M_0 - Nullpunkt

3) max B ,(min M_B)

Die größte (maximale) Auflagerkraft in A ergibt sich aus dem Lastfall 1, die kleinste (minimale) Auflagerkraft in A ergibt sich aus dem Lastfall 2, sie kann sogar negativ werden.

Der Lastfall 3 bringt für A einen Wert, der zwischen dem maximalen und dem minimalen Wert liegt und der für die Bemessung nicht interessant ist.

Die größte Auflagerkraft in B ergibt sich aus dem Lastfall 3 bei Vollbelastung. Die Lastfälle 1 und 2 bringen kleinere Werte.

Für die Bemessung im Stahlbetonbau ist noch der Momentennullpunkt interessant, er liegt im Lastfall 2 am weitesten im Feld.

Für die Bemessung braucht man die 3 Lastfälle nicht ganz durchzurechnen, es genügt meist, die in Bild 67 angeschriebenen Schnittkräfte zu ermitteln.

Im nachfolgenden Beispiel sind die drei Lastfälle ganz durchgerechnet, um zu zeigen, wie sich Querkraft- und Momentenfläche verändern.

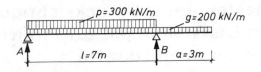

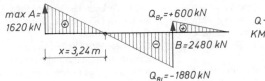

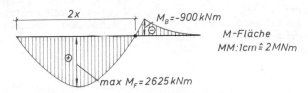

Lastfall 1

$\Sigma M_{(B)} = 0$

$A \cdot 7 + 200 \cdot 3 \cdot 1{,}5 - (200 + 300) \cdot 7 \cdot 3{,}5 = 0$

$A = \dfrac{-900 + 12\,250}{7} = \dfrac{11\,350}{7} = \mathbf{1620\ kN}$

$x = \dfrac{A}{g + p} = \dfrac{1620}{500} = \mathbf{3{,}24\ m}$

$\max M_{\mathrm{F}} = \dfrac{A \cdot x}{2} = \dfrac{1620 \cdot 3{,}24}{2} = \mathbf{2625\ kNm}$

ergänzende Rechnung:

$B = \Sigma P - A = (500 \cdot 7 + 200 \cdot 3) - 1620$

$= 3500 + 600 - 1620 = 4100 - 1620 = \mathbf{2480\ kN}$

$Q_{\mathrm{Bl}} = 1620 - 500 \cdot 7 = -1880\ \text{kp}$

$Q_{\mathrm{Br}} = -1880 + 2480 = +600\ \text{kp}$

$M_{\mathrm{B}} = -200 \cdot 3 \cdot 1{,}5 = -\mathbf{900\ kNm}$ (Bild 68).

Bild 69

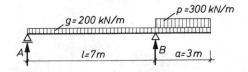

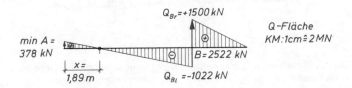

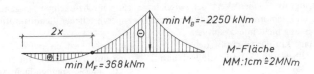

Lastfall 2

$\Sigma M_{(B)} = 0$

$A \cdot 7 + 500 \cdot 3 \cdot 1,5 - 200 \cdot 7 \cdot 3,5 = 0$

$A = \dfrac{-2250 + 4900}{7} = \dfrac{+2650}{7} = +378 \text{ kN}$

$\min M_B = -500 \cdot 3 \cdot 1,5 = -2250 \text{ kNm}$

ergänzende Rechnung:

$B = (200 \cdot 7 + 500 \cdot 3) - 378 = 2900 - 378 = \mathbf{2522 \text{ kN}}$

$Q_{Bl} = +378 - 200 \cdot 7 = +378 - 1400 = -1022 \text{ kN}$

$Q_{Br} = -1022 + 2522 = +1500 \text{ kp}$

$x = \dfrac{378}{200} = \mathbf{1,89 \text{ m}}$ (von A entfernt)

$M_x = \dfrac{378 \cdot 1,89}{2} = \mathbf{368 \text{ kNm}}$ (Bild 69).

Bild 70

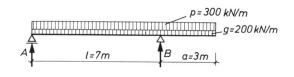

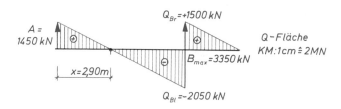

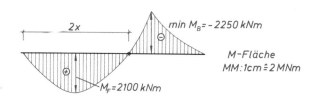

Lastfall 3

Der Lastfall ist in Abschnitt 7.3. bereits durchgerechnet.

Die Ergebnisse:

$A = 1450 \text{ kN}$

$\max B = 3550 \text{ kN}$

$Q_{Bl} = -2050 \text{ kN}$

$Q_{Br} = +1500 \text{ kN}$

(Bild 70).

$x = 2,9 \text{ m}$

$M_x = 2100 \text{ kNm}$

Zur abschließenden Beurteilung werden die drei Querkraft- und die drei Momentenflächen in jeweils einer Figur dargestellt (überlagert). Die Maximal- und Minimalwerte sieht man hier deutlich (Bild 71).

Bild 71

max A

Q-Flächen
KM:1cm ≙ 2MN

max B

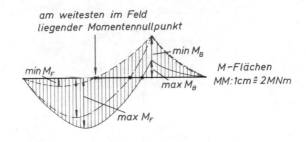

am weitesten im Feld
liegender Momentennullpunkt

min M_F

min M_B

M-Flächen
MM:1cm ≙ 2MNm

max M_B

max M_F

8 Der Träger auf zwei Stützen mit zwei Kragarmen, belastet mit

8.1 Einzellasten

Die Untersuchung ist wie in Abschnitt 7. zu führen.

$\Sigma M_{(B)} = 0$

$A \cdot 7 - 1,0 \cdot 9 - 6,0 \cdot 5 + 2,0 \cdot 3 = 0$

$A = \dfrac{9 + 30 - 6}{7} = \dfrac{33}{7} = \mathbf{4,72\ MN}$

$\Sigma V = 0$

$B = (1,0 + 6,0 + 2,0) - 4,72 = \mathbf{4,28\ MN}$

Querkraftrechnung

$Q_{1r} = - 1,0\ \text{MN} = Q_{Al}$

$Q_{Ar} = 1,0 + 4,72 = + 3,72\ \text{MN} = Q_{2l}$

$Q_{2r} = + 3,72 - 6,0 = 2,28\ \text{MN} = - Q_{Bl}$

$Q_{Br} = - 2,78 + 4,28 = + 2,0\ \text{MN} = Q_{3l}$

Querkraftnullpunkte treten auf an den Stellen A, (2) und B.

Momente

$M_A = - 1,0 \cdot 2,0 = - \mathbf{2\ MNm}$

Moment des linken Kragträgers

$M_2 = - 1,0 \cdot 4,0 + 4,72 \cdot 2$

$= - 4,0 + 9,44 = + \mathbf{5,44\ MNm}$

oder aus der Querkraftfläche:

$M_2 = - 1,0 \cdot 2,0 + 3,72 \cdot 2 = - 2,0 + 7,44$

$= + \mathbf{5,44\ MNm}$

entspricht der algebraischen Summe der Querkraftfläche links vom Schnittpunkt an der Stelle 2

$M_B = - 2,0 \cdot 3,0 = - \mathbf{6,0\ MNm}$

Moment des rechten Kragträgers (Bild 72).

Die Momentenfläche zeigt jetzt zwei Momentennullpunkte (vergleiche Abschnitt 7.2.). Das Stützmoment M_B ist das zahlenmäßig größte Moment mit negativem Vorzeichen.

Bild 72

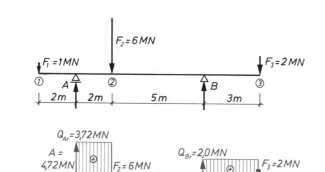

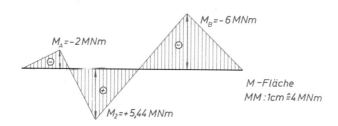

8.2 Streckenlast

$\Sigma M_{(B)} = 0$

$A \cdot 7 - 1000 \cdot 9 \cdot 4{,}5 + 1000 \cdot 3 \cdot 1{,}5 = 0$

$A = \dfrac{40\,500 - 4500}{7} = \dfrac{36\,000}{7} = \textbf{5150 kN}$

$\Sigma M_{(A)} = 0$

$- B \cdot 7 + 1000 \cdot 10 \cdot 5 - 1000 \cdot 2 \cdot 1 = 0$

$B = \dfrac{+\,50\,000 - 2000}{7} = \dfrac{48\,000}{7} = \textbf{6850 kN}$

oder aus $\Sigma V = 0$

$B = 1000 \cdot 12 - 5150 = 12\,000 - 5150 = \textbf{6850 kN}$

Querkraftrechnung

$Q_{Al} = -\,1000 \cdot 2 = -\,2000 \text{ kN}$

$Q_{Ar} = -\,2000 + 5150 = +\,3150 \text{ kN}$

$Q_{Bl} = +\,3150 - 1000 \cdot 7 = -\,3850 \text{ kN}$

$Q_{Br} = -\,3850 + 6850 = +\,3000 \text{ kN}$

Querkraftnullpunkt

$x = \dfrac{A_r}{q} = \dfrac{3150}{1000} = \textbf{3,15 m}$

Momente

$M_A = -\,1000 \cdot 2 \cdot 1 = -\,\textbf{2000 kNm}$

oder aus der Querkraftfläche

$M_A = \dfrac{-\,Q_{Al} \cdot 2}{2} = -\,\dfrac{2000 \cdot 2}{2} = -\,\textbf{2000 kNm}$

$M_x = +\,5150 \cdot 3{,}15 - 1000 \cdot 5{,}15 \cdot 2{,}575$

$\quad = +\,16\,200 - 13\,200 = +\,\textbf{3000 kNm}$

oder aus der Querkraftfläche

$M_x = \dfrac{-\,Q_{Al} \cdot 2}{2} + \dfrac{Q_{Ar} \cdot x}{2} = \dfrac{2000 \cdot 2}{2}$

$\quad +\,\dfrac{3150 \cdot 3{,}15}{2} = -\,2000 + 5000 = +\,\textbf{3000 kNm}$

$M_B = -\,1000 \cdot 3 \cdot 1{,}5 = -\,\textbf{4500 kNm}$

Die Momentenfläche zeigt außer den Maximal- und Minimalwerten zwei Momentennullpunkte.
(Bild 73).

Bild 73

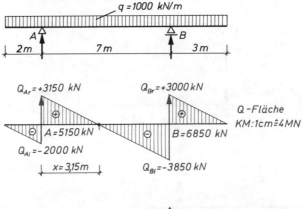

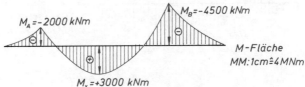

8.3 Streckenlasten unter Berücksichtigung der möglichen Laststellungen zur Ermittlung der ungünstigsten Schnittkräfte

Die Aufteilung der Gesamtstreckenlast in Eigengewicht und Verkehrslast ergibt sieben mögliche Laststellungen, die folgende Maximal- und Minimalwerte bringen. (Siehe Bild 74.)

Der Lastfall 7 – **Vollast – bringt keine Größtwerte, das heißt, die Maximal- und Minimalwerte werden bereichts erreicht, bevor das System voll belastet ist.**

Die in Bild 74 in Klammern gesetzten Werte ergeben sich auch bei diesem Lastfall, brauchen jedoch nur einmal ermittelt zu werden.

Die nicht angeschriebenen Werte brauchen für eine übliche Bemessung nicht ermittelt zu werden, es sei denn, man will Querkraft- und Momentenflächen vollständig aufzeichnen (wie in Abschnitt 7.4.).

Bild 74

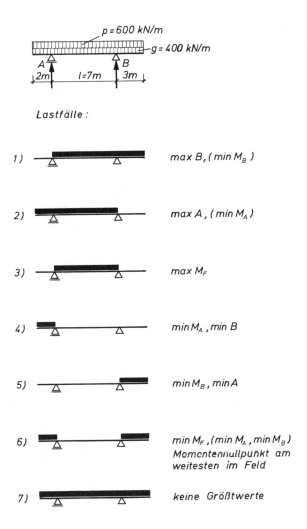

Es ergibt sich normalerweise folgender Rechenvorgang:

Lastfall 1

$\Sigma M_{(A)} = 0$

$- B \cdot 7 - 400 \cdot 2 \cdot 1 + 1000 \cdot 10 \cdot 5 = 0$

$\max B = \dfrac{- 800 + 50000}{7} = \dfrac{49200}{7} = \textbf{7050 kN}$

(Bild 75).

Bild 75

Lastfall 2

$\Sigma M_{(B)} = 0$

$A \cdot 7 + 400 \cdot 3 \cdot 1{,}5 - 1000 \cdot 9 \cdot 4{,}5 = 0$

$\max A = \dfrac{- 1800 + 40500}{7} = \dfrac{38700}{7} = \textbf{5520 kN}$

(Bild 76).

Bild 76

Lastfall 3

$\Sigma M_{(B)} = 0$

$A \cdot 7 + 400 \cdot 3 \cdot 1{,}5 - 400 \cdot 2 \cdot 8 - 1000 \cdot 7 \cdot 3{,}5 = 0$

$A = \dfrac{- 1800 + 6400 + 24500}{7} = \dfrac{29100}{7} = \textbf{4160 kN}$

$Q_{Al} = - 400 \cdot 2 = - 800 \text{ kN}$

$Q_{Ar} = - 800 + 4160 + 3360 \text{ kN}$

$Q_{Bl} = + 3360 - 1000 \cdot 7 = - 3640 \text{ kN}$

$x = \dfrac{Q_{Ar}}{7} = \dfrac{3360}{1000} = \textbf{3,36 m}$

(Bild 77).

Bild 77

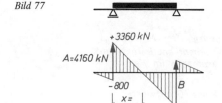

max $M_F = 4160 \cdot 3{,}36 - 400 \cdot 2 \cdot 4{,}36 - 1000 \cdot 3{,}36 \cdot 1{,}66$

$= 13990 - 3490 - 5650$

$= 13990 - 9740 = \textbf{4850 kNm}$

oder aus der Querkraftfläche:

$\max M_F = \dfrac{Q_{Al} \cdot 2}{2} + \dfrac{Q_{Ar} \cdot 3{,}36}{2}$

$- \dfrac{800 \cdot 2}{2} + \dfrac{3360 \cdot 3{,}36}{2}$

$= - 800 + 5650 = \textbf{4850 kNm}$

Lastfall 4

min $M_A = - 1000 \cdot 2 \cdot 1 = - \textbf{2000 kNm}$

$\Sigma M_{(A)} = 0$

$- B \cdot 7 - 1000 \cdot 2 \cdot 1 + 400 \cdot 10 \cdot 5 = 0$

$\min B = \dfrac{+ 2000 - 20000}{7} = + \textbf{2575 kN}$

(Bild 78)

Bild 78

Lastfall 5

min $M_B = - 1000 \cdot 3 \cdot 1{,}5 = - \textbf{4500 kNm}$

$\Sigma M_{(B)} = 0$

$+ A \cdot 7 + 1000 \cdot 3 \cdot 1{,}5 - 400 \cdot 9 \cdot 4{,}5 = 0$

$\min A = \dfrac{- 4500 + 16200}{7} = \dfrac{11700}{7} = + \textbf{1670 kN}$

(Bild 79).

Bild 79

Lastfall 6

$\Sigma M_{(B)} = 0$

$A \cdot 7 + 1000 \cdot 3 \cdot 1{,}5 - 1000 \cdot 2 \cdot 8 - 400 \cdot 7 \cdot 3{,}5 = 0$

$A = \dfrac{- 4500 + 16000 + 9800}{7} = \dfrac{21300}{7} = \textbf{3043 kN}$

$\Sigma M_{(A)} = 0$

$- B \cdot 7 - 1000 \cdot 2 \cdot 1 + 1000 \cdot 3 \cdot 8{,}5 + 400 \cdot 7 \cdot 3{,}5 = 0$

$B = \dfrac{- 2000 + 25500 + 9800}{7} = \dfrac{33300}{7} = \textbf{4757 kN}$

Kontrolle:

$\Sigma V = 0 = + 2000 + 2800 + 3000 - 3043 - 4787$

(Bild 80).

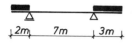

Querkräfte:

$Q_{Al} = -2000$ kN
$Q_{Ar} = -2000 + 3043 = +1043$ kN
$Q_{Bl} = +1043 - 400 \cdot 7 = -1757$ kN
$Q_{Br} = -1757 + 4757 = +3000$ kN

Querkraftnullpunkt:

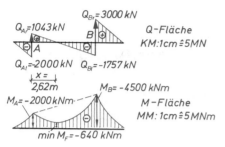

$$x = \frac{Q_{Ar}}{8} = \frac{1043}{400} = \mathbf{2{,}62\ m}$$

$x = 7{,}00 - 2{,}62 = 4{,}38$ m

$\min M_F = 3043 \cdot 2{,}62 - 1000 \cdot 2 \cdot 3{,}62$
$\qquad\quad - 400 \cdot 2{,}62 \cdot 1{,}31$
$\qquad = +7950 - 7240$
$\qquad\quad - 1370 = +7950 - 8600$
$\qquad = \mathbf{-640\ kNm}$

oder aus der Querkraftfläche:

$$\frac{-Q_{Al} \cdot 2}{2} + \frac{Q_{Ar} \cdot x}{2} = \frac{-2000 \cdot 2}{2}$$

$$+ \frac{1043 \cdot 2{,}62}{2} = -2000 + 1360$$

$$= \mathbf{-640\ kNm}$$

Bild 80

9 Der Gelenk- oder Gerberträger

9.1 Möglichkeiten der Gelenkanordnung

Durchlaufträger haben meist den Vorteil der besseren Wirtschaftlichkeit gegenüber dem einfachen Träger auf zwei Stützen (Biegemomente werden bei gleicher Belastung und gleicher Stützweite kleiner), jedoch den Nachteil der statisch unbestimmten Lagerung und sind empfindlich gegen Stützensenkungen.

Durch Anordnen von **Gelenken** kann man einen Durchlaufträger statisch bestimmt machen. Man erhält einen **Gelenkträger** oder nach seinem Erfinder, **Gerberträger**. Die Gelenke können keine Momente, wohl aber Quer- und Normalkräfte aufnehmen; es gilt hier die Bedingungsgleichung

$$M = 0$$

Ein Durchlaufträger mit n Stützen ist $n - 2$fach statisch unbestimmt (es darf nur eine Stütze fest sein). Ein Träger auf drei Stützen ist $3 - 2 = 1$fach statisch unbestimmt, ein Träger auf vier Stützen ist $4 - 2 = 2$fach statisch unbestimmt und so fort.

Der Durchlaufträger läßt sich also durch Anordnung von $n - 2$ Gelenken wieder statisch bestimmt machen (Bild 81 und 82).

> Die Anzahl der erforderlichen Gelenke muß der Anzahl der Innenstützen entsprechen.

Um die Stabilität nicht zu gefährden, dürfen in einem Feld maximal zwei Gelenke angeordnet werden, das Nachbarfeld darf keine Gelenke erhalten. Im Dachbau ist die Anwendung von **Koppelträgern** wegen des leichten Aufstellens gebräuchlich, jedoch kann hier die Stabilität leicht gestört werden (Bild 83).

Bild 83

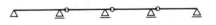

Die endgültigen Biegemomente kann man in einfachen Fällen zeichnerisch aus den **M_0-Flächen** bestimmen, wenn man von der Bedingung ausgeht, daß

Bild 81

Bild 82

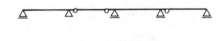

in den Gelenken das Biegemoment Null sein muß (Bild 84 und 85).

Man trägt zunächst die **M_0-Flächen** auf, lotet die Gelenkpunkte auf die Momentenlinie und zieht durch diese Punkte (die ja Momentennullpunkte sind) die Schlußlinien (vergleiche Seileck), die die Momentenflächen in positive und negative Anteile zerlegen. Die Schlußlinie hat Knickpunkte in den Wirkungslinien der Innenstützen, es ergeben sich hier Stützmomente; an den Endauflagern sind die Momente Null.

Man kann auf diese Weise auch die Schlußlinie so legen, daß die Stützmomente der Innenstützen gleichgroß werden wie das Feldmoment des Mittelfeldes und bestimmt so die Lage der Gelenke aus der Bedingung $M_S = M_F$

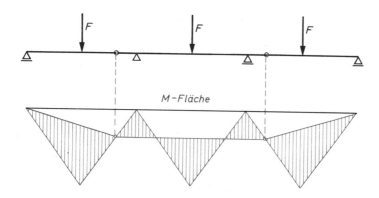

Bild 84

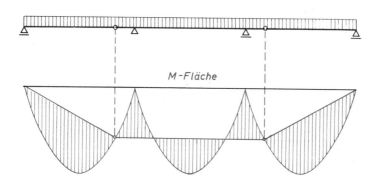

Bild 85

9.2 gleiche Stützweiten und gleichmäßig verteilte Belastung

Für den häufigen Fall gleicher Stützweiten und gleichmäßig verteilter Belastung ergibt sich für die **Mittelfelder**

$$\max M_F = \min M_S = \frac{p \cdot l^2}{8} \cdot \frac{1}{2} = \frac{p \cdot l^2}{16}$$

(Bild 86).
Die Lage der Gelenke läßt sich aus der Beziehung ableiten:

$$\frac{p \cdot b^2}{8} = \frac{p \cdot l^2}{16}$$
$$2\,b^2 = l^2$$
$$b^2 = \frac{1}{2}\,l^2$$
$$b = \frac{1}{\sqrt{2}} \cdot l = \mathbf{0{,}707} \cdot l$$

Länge des Einhängeträgers $\approx \frac{5}{7}\,l$

Bild 86

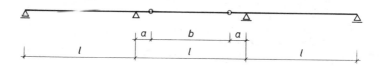

63

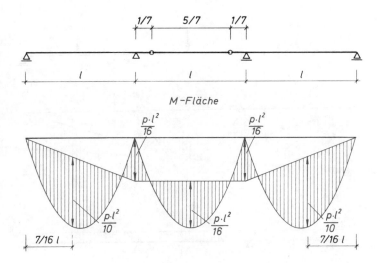

M–Fläche

Die Gelenke müssen also in $\dfrac{l}{7}$ vom Auflager entfernt

angeordnet werden.
Für das Endfeld ergibt sich jedoch

$$A = \frac{p \cdot l}{2} - \frac{M_S}{l} = \frac{p \cdot l}{2} - \frac{p \cdot l}{16} = 8\,\frac{p \cdot l}{16} - 1\,\frac{p \cdot l}{16}$$

$$= \frac{7}{16}\,p \cdot l$$

Querkraftnullpunkt $x = \dfrac{A}{p} = \dfrac{7}{16}\,l$

$$\max M_F = \frac{A \cdot x}{2} = \frac{7}{16}\,p \cdot l \cdot \frac{1}{2} \cdot \frac{7}{16} \cdot l$$

$$= \frac{49}{512}\,p \cdot l^2 \approx \frac{p \cdot l^2}{10}$$

Soll auch im Endfeld das Feldmoment so groß werden wie im Mittelfeld, also $\dfrac{p \cdot l^2}{16}$, muß man die Stützweite des Endfeldes reduzieren auf $\dfrac{6}{7}\,l$ (Bild 87).

9.3 gleiche Stützweiten und gleichmäßig verteilte Belastung unter Berücksichtigung der möglichen Laststellungen zur Ermittlung der ungünstigsten Schnittkräfte

9.3.1 Gelenke im Mittelfeld

Das ganze System wird zerlegt in zwei Träger auf zwei Stützen mit Kragarm und einem Einhängeträger als Träger auf zwei Stützen (Bild 88). Die Kragarmenden werden mit den Gelenklasten aus g, beziehungsweise p belastet.

Zunächst werden die Schnittkräfte des Einhängeträgers ermittelt für die Lastfälle:
Eigengewicht g
Eigengewicht g + Nutzlast p

$$\text{aus } g\colon G_{1g} = G_{2g} = \frac{200 \cdot 5}{2} = \textbf{500 kN}$$

$$\text{aus } q\colon G_{1q} = G_{2q} = \frac{500 \cdot 5}{2} = \textbf{1250 kN}$$

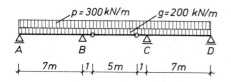

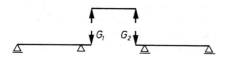

Bild 88

Aus der Vollbelastung ergibt sich

$$\max M_{F2} = \frac{500 \cdot 5^2}{8} = 1560 \text{ kNm}$$

Entsprechend Abschnitt 7.4. werden nun die Schnittkräfte für den Träger auf zwei Stützen mit Kragarm ermittelt.

Lastfall 1

$\Sigma M_{(B)} = 0$

$A \cdot 7 + 200 \cdot 1 \cdot 0,5 + 500 \cdot 1 - 500 \cdot 7 \cdot 3,5 = 0$

$$\max A = \frac{-100 - 500 + 12250}{7} = \frac{11650}{7}$$

$$= 1665 \text{ kN}$$

$$x = \frac{1665}{500} = 3,33 \text{ m}$$

$$\max M_{F1} = \frac{1665 \cdot 3,33}{2} = 2770 \text{ kNm (Bild 89)}$$

Bild 89

Lastfall 2

$\min M_B = -500 \cdot 1 \cdot 0,5 - 1250 \cdot 1$

$\quad\quad = -250 - 1250 = -1500 \text{ kNm (Bild 90)}$

$\Sigma M_{(B)} = 0$

$A \cdot 7 - 200 \cdot 7 \cdot 3,5 + 500 \cdot 1 \cdot 0,5 + 1250 \cdot 1 = 0$

$$\min A = \frac{4900 - 250 - 1250}{7} = +\frac{3400}{7}$$

$$= + 485 \text{ kN}$$

Bild 90

Lastfall 3 (Vollast)

$\Sigma M_{(A)} = 0$

$- B \cdot 7 + 500 \cdot 8 \cdot 4 + 1250 \cdot 8 = 0$

$$\max B = \frac{+16000 + 10000}{7} = \frac{26000}{7} = 3720 \text{ kN}$$

(Bild 91).

Bild 91

9.3.2 Gelenke in den Endfeldern

Entsprechend Abb. 81, zweite Zeile, werden bei dem gleichen Beispiel wie in Kapitel 9.3.1. die Gelenke in die Endfelder gelegt, links neben Auflager B und rechts neben Auflager C (Bild 92).

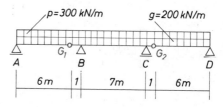

Bild 92

Das System wird also zerlegt in einen Träger auf zwei Stützen mit zwei Kragarmen (links von B und rechts von C) und je einen Träger auf zwei Stützen links und rechts davon (Bild 93).

Bild 93

Zunächst werden die Schnittkräfte für die Einfeldträger ermittelt

aus g: $A_g = G_{1g} = G_{2g} = B_g = \frac{200 \cdot 6}{2} = 600 \text{ kN}$

aus q: $A_q = G_{1q} = G_{2q} = B_q = \dfrac{500 \cdot 6}{2} = \textbf{1500 kN}$

$\max M_{F1} = M_{F3} = \dfrac{500 \cdot 6^2}{8} = \textbf{2250 kNm}$

Entsprechend Kapitel 8.3. werden nun die Schnittkräfte für den Träger auf zwei Stützen mit zwei Kragarmen ermittelt; wegen der Symmetrie des Systems ergibt sich eine Vereinfachung.

Lastfall 1 (= Lastfall 2 als Spiegelbild)

Vollast im Feld und auf dem rechten Kragarm, Eigengewicht auf dem Kragarm links (Bild 94).

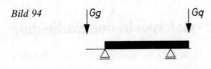

Bild 94

$\Sigma M_{(C)} = 0; \ +B \cdot 7 + 500 \cdot 1 \cdot 0,5 + 1500 \cdot 1$
$\qquad - 500 \cdot 7 \cdot 3,5 - 200 \cdot 1 \cdot 7,5$
$\qquad - 600 \cdot 8 = 0$

$B = \dfrac{-500 \cdot 10,5 - 1500 \cdot 1 + 500 \cdot 7 \cdot 3,5}{7}$
$\qquad + \dfrac{+200 \cdot 1 \cdot 7,5 + 600 \cdot 8}{7} = \dfrac{16\,800}{7}$

$\qquad = \textbf{2400 kN}$

$\Sigma M_{(B)} = 0; \ -C \cdot 7 - 200 \cdot 1 \cdot 0,5 - 600 \cdot 1$
$\qquad + 500 \cdot 8 \cdot 4 + 1500 \cdot 8 = 0$

$\max C = \dfrac{-200 \cdot 1 \cdot 0,5 - 600 \cdot 1 + 500 \cdot 8 \cdot 4}{7}$
$\qquad + \dfrac{+1500 \cdot 8}{7} = \textbf{3900 kN}$

$M_B = \dfrac{-200 \cdot 1,0^2}{2} - 600 \cdot 1 = -\textbf{700 kNm}$

$\min M_B = \dfrac{-500 \cdot 1,0^2}{2} - 1500 \cdot 1 = -\textbf{1750 kNm}$

Lastfall 3

Vollast im Feld, Eigengewicht auf den Kragarmen (Bild 95)

Bild 95

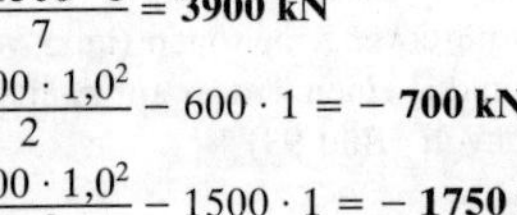

$\Sigma M_{(C)} = 0; \ +B \cdot 7 + 200 \cdot 1 \cdot 0,5 + 600 \cdot 1$
$\qquad - 500 \cdot 7 \cdot 3,5 - 200 \cdot 1 \cdot 7,5$
$\qquad - 600 \cdot 8 = 0$

$B = \dfrac{-200 \cdot 1 \cdot 0,5 - 600 \cdot 1 + 500 \cdot 7 \cdot 3,5}{7}$
$\qquad + \dfrac{+200 \cdot 17,5 + 600 \cdot 8}{7} = \textbf{2550 kN}$

Wegen der Symmetrie des Systems und der Belastung muß das größte Feldmoment in der Mitte liegen.

$\max M_{F2} = 2550 \cdot 3,5 - 600 \cdot 4,5 - 200 \cdot 1 \cdot 4,0$
$\qquad - 500 \cdot 3,5 \cdot 1,75 = \textbf{2362,5 kNm}$

oder aus der Querkraftfläche von links

$\max M_{F2} = -\dfrac{600 + 800}{2} \cdot 1 + \dfrac{1750 \cdot 3,5}{2}$
$\qquad = \textbf{2362,5 kNm}$

Lastfall 4 (= Lastfall 5 als Spiegelbild)

Vollast auf dem rechten Kragarm, Eigengewicht im Feld und auf dem linken Kragarm (Bild 96).

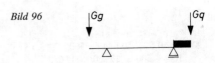

Bild 96

$\Sigma M_{(C)} = 0; \ +B \cdot 7 + 500 \cdot 1 \cdot 0,5 + 1500 \cdot 1$
$\qquad - 200 \cdot 8 \cdot 4 - 600 \cdot 8 = 0$

$\min B = \dfrac{-500 \cdot 1 \cdot 0,5 - 1500 \cdot 1}{7}$
$\qquad + \dfrac{+200 \cdot 8 \cdot 4 + 600 \cdot 8}{7} = \textbf{1350 kN}$

Lastfall 6

Vollast auf den Kragarmen, Eigengewicht im Feld (Bild 97)

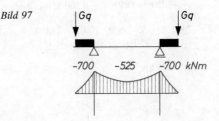

Bild 97

$-700 \qquad -525 \qquad -700 \ kNm$

$$B = \frac{500 \cdot 1 \cdot 7,5 + 1500 \cdot 8 + 200 \cdot 7 \cdot 3,5}{7}$$

$$+ \frac{-500 \cdot 1 \cdot 0,5 - 1500 \cdot 1}{7} = \mathbf{2700 \ kN}$$

$$\min M_{F2} = 2700 \cdot 3,5 - 1500 \cdot 4,5 - 500 \cdot 1 \cdot 4$$
$$- 200 \cdot 3,5 \cdot 1,75 = \mathbf{-525 \ kNm}$$

Das kleinste Feldmoment ist negativ und muß aus Symmetriegründen in der Feldmitte liegen.

9.4 abschließende Bemerkung

Der Gelenkträger ist eine Kombination aus den statisch bestimmten Systemen

Träger auf zwei Stützen (Einhängeträger)
Träger auf zwei Stützen mit einem Kragarm
Träger auf zwei Stützen mit zwei Kragarmen
Kragträger (einseitig eingespannt).

Da an jedem Gelenk ein Momentennullpunkt ist, läßt sich durch die Wahl der Gelenkanordnung der Momentenverlauf beeinflussen.

Bei der Kombination mit Trägern auf zwei Stützen mit einem und zwei Kragarmen ist die mögliche Verschiebung der Verkehrslast entsprechend Abschnitt 7.4. und Abschnitt 8.3. zu berücksichtigen.
Nachteilig ist die meist kostspielige Ausbildung der Gelenke.

10 Fachwerke

10.1 Allgemeines, Fachwerkformen

Bild 98

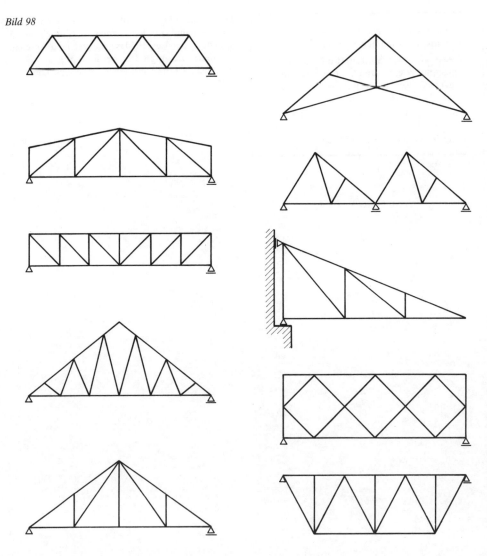

Fachwerke sind Tragsysteme, die aus mehreren, an den Enden verbundenen Einzelstäben bestehen. Die Stäbe sind meistens aus Stahl, Leichtmetall oder Holz. Die Verbindung geschieht durch Schrauben, Niete, Schweißen bei Metall und durch Schrauben, Nageln, Leimen bei Holz. Diese Verbindungen sind meistens steif als Knotenpunkte ausgebildet.

Normalerweise werden diese Knoten bei der Ermittlung der Stabkräfte behandelt wie Gelenke; das stellt zwar nur eine Näherung dar, bringt aber eine große Vereinfachung, da die Stäbe nur Druck- oder Zugkräfte erhalten.

In Ausnahmefällen kann man die Nebenspannungen, die durch die Steifigkeiten der Knoten entstehen, ermitteln; das Verfahren ist jedoch zeitraubend.

Mit Fachwerken kann man große Spannweiten überbrücken bei geringem Materialaufwand, allerdings darf man heute die Lohnkosten nicht außer acht lassen.

Da aus der Annahme der gelenkigen Lagerung in den Knotenpunkten die Bedingung $\Sigma M = 0$ erfüllt ist, stehen bei einem **Rundschnitt** um den Knoten nur noch die beiden Bedingungen $\Sigma V = 0$ und $\Sigma H = 0$ für die Ermittlung zur Verfügung.

> Hat ein Fachwerk k Knotenpunkte, so können insgesamt nur $2k$ unbekannte Kräfte ermittelt werden.

Für die Ermittlung der Auflagerkräfte bei statisch bestimmter Lagerung (ein Lager fest, ein Lager beweglich), verbraucht man drei Bedingungsgleichungen.

Für die Ermittlung der Stabkräfte stehen dann nur noch

> $2k - 3$

Gleichungen zur Verfügung.

Das ist auch die Bedingung für die Mindest- und Höchstzahl der Stäbe bei einem statisch bestimmten Fachwerk

$$s = 2k - 3$$

Hat das Fachwerk mehr Stäbe, so entspricht jeder überzählige Stab einer statisch unbestimmten Größe; zweckmäßigerweise entfernt man diese Stäbe.

Hat das Fachwerk weniger Stäbe, so ist es labil, denn es entstehen in sich verschiebliche Vierecke, oder man muß die Knotenpunkte biegesteif ausbilden (das Fachwerk wird aber dann innerlich mehrfach statisch unbestimmt).

Bei der Wahl der Binderform hat man viele Möglichkeiten (Bild 98).

> Die Kräfte müssen in den Knotenpunkten angreifen. Nicht in den Knotenpunkten angreifende Kräfte müssen auf die Nachbarknoten verteilt werden; diese Stäbe müssen dann zusätzlich auf Biegung bemessen werden.

Zunächst werden die Auflagerkräfte ermittelt, wie beim Träger auf zwei Stützen, damit alle **äußeren** Kräfte bekannt sind.

Die Ermittlung der Stabkräfte kann dann grafisch oder rechnerisch erfolgen.

10.2 Erläuterung der grafischen Verfahren

10.2.1 Culmansches Verfahren mit knotenweiser Betrachtung

(Bild 99)

Auflagerkräfte:

$\Sigma M_{(B)} = 0$

$A \cdot 8 - 2 \cdot 6 - 3 \cdot 2 = 0$

$A = \dfrac{12 + 6}{8} = \dfrac{18}{8} = \mathbf{2{,}25 \ MN}$

$\Sigma V = 0$

$B = 3 + 2 - 2{,}25 = \mathbf{2{,}75 \ MN}$

Ermittlung der Stabkräfte

Knoten I

Im Kräfteplan wird A als bekannte Kraft im Kräftemaßstab in der richtigen Richtung angetragen (Bild 100). Die Wirkungslinien von D_1 und U_1, die be-

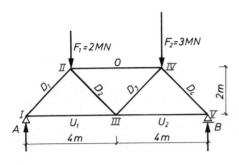

Bild 99

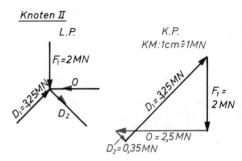

Bild 101

kannt sind, werden zum geschlossenen Krafteck ergänzt. Der Umfahrungssinn muß gleichlaufend sein, da Gleichgewicht vorhanden sein soll. Messen im Kräftemaßstab.
Die Richtungen der Stabkräfte werden in den Lageplan übertragen:
D_1 zeigt **zum** Knoten I, ist also eine Druckkraft =
= 3,25 MN
U_1 zeigt **vom** Knoten I, ist also eine Zugkraft =
= 2,25 MN.

Knoten III
An die bereits bekannten Kräfte U_1 und D_2 werden im Kräfteplan die Wirkungslinien von D_3 und U_2 angetragen (Bild 102). Die Richtungen ergeben sich aus dem Umfahrungssinn und werden in den Lageplan übertragen.

Messen im Kräftemaßstab
D_3 = 0,35 MN als Druckkraft   (zum Knoten)
U_2 = 2,75 MN als Zugkraft   (vom Knoten)

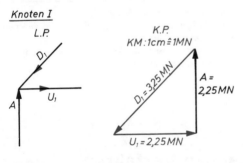

Bild 100

Bild 102

Knoten II
Im Kräfteplan werden die beiden bekannten Kräfte D_1 und F_1 angetragen und das Krafteck ergänzt mit den Wirkungslinien von O und D_2 (Bild 101). Die Richtungen aus dem gleichlaufenden Umfahrungssinn werden in den Lageplan übertragen.
Messen im Kräftemaßstab.
O = 2,5 MN als Druckkraft (zum Knoten)
D_2 = 0,35 MN als Zugkraft (vom Knoten)

Knoten V
Da nur noch die Stabkraft D_4 unbekannt ist, wird diese am Knoten V ermittelt, weil es hier einfacher ist. Der Knoten IV braucht nicht mehr aufgetragen zu werden (Bild 103).

Wenn man im Kräfteplan an B und U_2 die Wirkungslinie von D_4 anträgt, ergibt sich D_4; in den Lageplan übertragen wirkt D_4 zum Knoten, ist also eine Druckkraft
D_4 = 3,9 MN Druckkraft

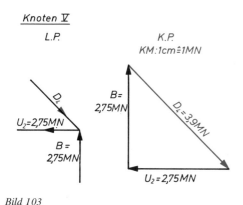

Knoten Ⅴ

L.P.

K.P.
KM:1cm≙1MN

$U_2 = 2,75MN$

$B = 2,75MN$

$B = 2,75MN$

D_4

$D_4 = 3,9MN$

$U_2 = 2,75MN$

Bild 103

Die Ergebnisse werden in einer Tabelle zusammengefaßt

	Druck (MN)	Zug (MN)
O	2,5	
D_1	3,25	
D_2		0,35
D_3	0,35	
D_4	3,9	
U_1		2,25
U_2		2,75

Das Verfahren ist wohl leicht verständlich, aber umständlich, da jeder Knoten aufgetragen werden muß.

10.2.2 Cremonaplan mit Gesamtkräfteplan

Das Verfahren nach Cremona hat den Vorteil, daß man nur einen Gesamtkräfteplan zu zeichnen und darin auch jede Stabkraft nur einmal aufzutragen braucht.
Für das Fachwerk müssen allerdings die Bedingungen eingehalten werden:

Jeder Knoten wird an ein Grunddreieck mit zwei Stäben angeschlossen.
Die Stäbe dürfen sich nicht überschneiden.
Die äußeren Kräfte greifen nur an Umfangsknoten an.

Zunächst wird das **Systembild des Fachwerkes,** auch **Netzbild** genannt, maßstäblich aufgetragen und darin die Stäbe benannt. Die an den Knoten angreifenden Kräfte (Lasten) werden angetragen und die Auflagerkräfte, die man meist rechnerisch ermittelt (Bild 104).

Auflagerkräfte

$\Sigma M_{(B)} = 0$
$A \cdot 12 - 2 \cdot 10 - 4 \cdot 6 - 6 \cdot 2 - 5 \cdot 4 = 0$
$A = \dfrac{20 + 24 + 12 + 20}{12} = \dfrac{76}{12} = \mathbf{6,33\ MN}$
$\Sigma V = 0$
$B = (2 + 4 + 6 + 5) - 6,33 = 17,0 - 6,33 = \mathbf{10,67\ MN}$

Nun wird im Kräfteplan der Kräftezug der äußeren Kräfte angetragen; das Krafteck muß geschlossen sein. Es ist darauf zu achten, daß dabei die Kräfte

in einer Richtung (zum Beispiel im Uhrzeigersinn) **um das Fachwerk herum hintereinander** aufgetragen werden.
Reihenfolge hier:
$A - F_1 - F_2 - F_3 - B - F_4$
Damit man den Überblick nicht verliert, wird dabei **„verzerrt"** und die Punkte dann auf eine Bezugslinie „gelotet" (Bild 105).

Man beginnt nun mit der Ermittlung der Stabkräfte an einem Knotenpunkt, an dem nicht mehr als zwei unbekannte Stabkräfte vorhanden sind (meist am Auflager oder am Fachwerkende).

Es wird hier am Auflager A begonnen.
Im Systembild werden die Knotenpunkte numeriert.

An dem zu betrachtenden Knoten wird ein **nicht** geschlossener Kreisring vom ersten bekannten Stab **rechts** drehend so gezeichnet, daß die Pfeilspitze auf den letzten unbekannten Stab zeigt. Damit ist die Reihenfolge des Auftragens im Kräfteplan gegeben.

Am Knoten I ist A die erste bekannte Kraft – D_1 und U_1 sind die beiden unbekannten Stabkräfte. Der Anfangspunkt des Kräftezuges wird im Kräfteplan (hier auf der Bezugslinie) mit I markiert, denn mit der Wirkungslinie der letzten unbekannten Stabkraft

6*

71

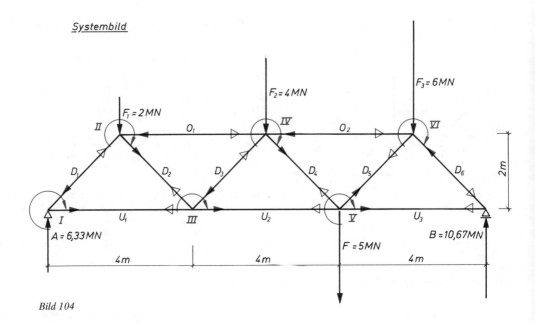

Bild 104

Cremonaplan
KM : 1cm ≙ 2MN

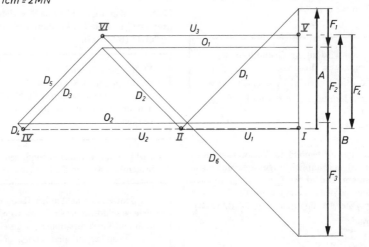

Bild 105

muß dieser Punkt wieder erreicht werden, wenn das Krafteck geschlossen sein soll.

Aus dem Kreisring ergibt sich die Reihenfolge $A - D_1 - U_1$.

D_1 und U_1 schneiden sich und begrenzen sich damit.

Der Umfahrungstermin ergibt sich in bezug auf den betrachteten Knoten.

D_1 **zum** Knoten, also Druck = **8,9 MN**

U_1 **vom** Knoten, also Zug = **6,33 MN**

Die gemessenen Größen werden in einer Tabelle eingetragen; die Richtungspfeile werden **nur** im Systembild eingetragen und, da in einem Stab nur Druck oder Zug vorhanden sein kann, die Pfeile zum nächsten Knoten „entgegengesetzt" angetragen,

also D_1 „zum" Knoten II und U_1 „vom" Knoten III.

Am Knoten II sind D_1 und F_1 bekannt; der Pfeilring beginnt also bei D_1, die Pfeilspitze zeigt auf D_2 (die „letzte" unbekannte Stabkraft). Im Kräfteplan wird der Anfangspunkt des Kräftezuges (D_1 unten) mit II markiert. Reihenfolge: D_1 nach oben, F_1 nach unten, O_1 nach links und mit D_2 auf den Ausgangspunkt zurück.

Umfahrungssinn und Messen ergeben:

O_1 **zum** Knoten, also Druck = **10,65 MN**
D_2 **vom** Knoten, also Zug   = **6,1 MN**

Richtungspfeile in das Systembild eintragen und Pfeile zum nächsten Knoten „umkehren".

Nach dem gleichen System behandelt man nun nacheinander die Knoten III, IV, V und VI, trägt die Richtungspfeile und Kreisringe in das Systembild ein und die gemessenen Werte in die Tabelle.

Bei genauer Arbeit muß sich beim Übertragen der Wirkungslinie des letzten unbekannten Stabes, hier D_6, der Kräfteplan schließen.

	Druck (MN)	Zug (MN)
O_1	10,65	
O_2	15,25	
D_1	8,9	
D_2		6,1
D_3	6,1	
D_4		0,5
D_5		6,5
D_6	15,0	
U_1		6,33
U_2		15,0
U_3		10,65

10.3 Erläuterung der analytischen Verfahren

10.3.1 Rundschnitt-Methode

Wie in Abschnitt 10.2.1. grafisch, wird hier rechnerisch jeder Knoten für sich betrachtet. In dem Beispiel aus diesem Abschnitt (System Bild 99) wird der **Knoten I** untersucht.

D_1 ist unter 45° geneigt. Diese Stabkraft wird in die Vertikal- und Horizontalkomponente zerlegt.

$\Sigma V = 0$
$A - D_{1v} = 0$
$D_{1v} = A = + $ **2,25 MN**

Bild 106

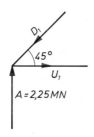

Die Richtung wurde entgegengesetzt von A angenommen, zum Knoten. Das positive Vorzeichen beim Ergebnis bestätigt diese Annahme; es ist also eine Druckkraft (Bild 106).

Da bei 45° Neigung der Sinus gleich dem Cosinus ist, muß $D_{1h} = D_{1v} = 2,25$ MN sein (nach links gerichtet zum Knoten, also auch Druck). D_1 wird dann:

$2,25 \cdot \sqrt{2} = 2,25 \cdot 1,41 = $ **3,26 MN** (Druck).
$\Sigma H = 0$
$D_{1h} - U_1 = 0$
$U_1 \neq D/_{1h} = + $ **2,25 MN**

U_1 wurde dabei nach rechts gerichtet angenommen (da D_{1h} nach links gerichtet ist). Das positive Vorzeichen beim Ergebnis bestätigt diese Annahme, es ist also eine Zugkraft (vom Knoten weg). Besser ist bezüglich der Vorzeichen: + und − angeben für die bekannten Kräfte, entsprechend dem Koordinaten-Kreuz (x- und y-Achse); die noch unbekannte Stabkraft wird als Zugkraft angenommen. Ein positives Vorzeichen beim Ergebnis bestätigt diese An-

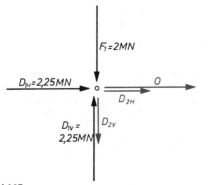

$F_1 = 2MN$

$D_{IH} = 2,25 MN$

O

D_{2H}

$D_{IV} = 2,25MN$ D_{2V}

Bild 107

Unbekannt sind O und D_2 (als D_{v2} und D_{2h}).
$\Sigma V = 0$
$+ D_{1v} - F_1 - D_{2v} = 0$
D_2 wird als Zugstab angenommen
$+ 2,25 - 2,0 - D_{2v} = 0$
$D_{2v} = + 0,25$ MN (Zug)
$D_{2H} = D_{2v} = + 0,75$ MN (Zug)
$D_2 = + 0,25\sqrt[2]{2} = + \mathbf{0,35}$ **MN** (Zug)
$\Sigma H = 0$
$+ D_{1h} + D_{2h} + O = 0$
O wird als Zugstab angenommen
$+ 2,25 + 0,25 + O = 0$
$\qquad\qquad O = - \mathbf{2,50}$ **MN** (Druck)

Man kann nach dieser Methode Schritt für Schritt alle Stabkräfte bestimmen, es ist nur umständlich. Damit man den Überblick nicht verliert, empfiehlt es sich, für jeden Knoten Skizzen zu machen und die Kräfte, beziehungsweise Komponenten mit ihren Richtungen (auch den angenommenen) einzutragen.

nahme. Am **Knoten II** sind bereits bekannt: F_1 und D_1 mit ihren Größen und Richtungen (Bild 107).

10.3.2 Rittersches Schnittverfahren

Die Erläuterung erfolgt am Beispiel aus Abschnitt 10.2.2. Bekannt sein müssen das Systembild mit allen Maßen und den äußeren Kräften. Man legt, wie beim Träger auf zwei Stützen, eine Schnittlinie durch das Fachwerk; wenn das ganze Fachwerk im Gleichgewicht ist, muß das abgeschnittene Teilstück ebenfalls im Gleichgewicht sein. Man kann nach diesem Verfahren verschiedene Stäbe mitten im System untersuchen. Man verwendet hierzu die bekannten drei Gleichgewichtsbedingungen. Vorzeichenregel wie in Abschnitt 10.3.1. empfiehlt mit der Annahme des unbekannten Stabes als Zugkraft (Bild 108).

Mit der Schnittlinie a — b kann man für die geschnittenen Stäbe die Kräfte ermitteln.

Mit dem Drehpunkt im Knoten III kann man mit der Momentengleichung für den linken Fachwerkteil die Stabkraft O_1 ermitteln, denn die beiden unbekannten Stabkräfte D_3 und U_2 braucht man in der Gleichung nicht anzuschreiben, da die Wirkungslinien durch den Drehpunkt gehen, also kein Hebelarm vorhanden ist.

In der Momentengleichung für den linken Fachwerkteil müssen alle äußeren Kräfte und alle inneren Kräfte der geschnittenen Stäbe mit ihren Hebelarmen (also die Momente) im Gleichgewicht sein.

Bild 108

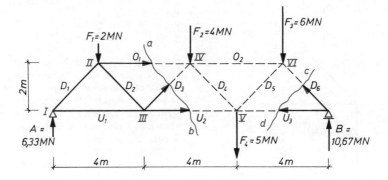

$\Sigma M_{(K\ III)} = 0$

$+ A \cdot 4 - F_1 \cdot 2 + O_1 \cdot 2 = 0$

$O_1 = \dfrac{-6,33 \cdot 4 + 2,0 \cdot 2}{2}$

$O_1 = \dfrac{-25,3 + 4}{2} = \dfrac{-21,3}{2} = -\textbf{10,65 MN}$ (Druck)

Wenn man den Drehpunkt in den Knoten IV legt, kann man die Stabkraft U_2 ermitteln, denn O_1 und D_3 gehen durch den Drehpunkt.

$\Sigma M_{(K\ IV)} = 0$

$+ A \cdot 6 - F_1 \cdot 4 - U_2 \cdot 2 = 0$

$U_2 = \dfrac{6,33 \cdot 6 - 2 \cdot 4}{2}$

$U_2 = \dfrac{+38,0 - 8}{2} = +\dfrac{30}{2} = \textbf{15 MN}$ (Zug)

Mit derselben Schnittlinie a — b kann man auch D_3 ermitteln, zum Beispiel mit der Gleichgewichtsbedingung

$\Sigma V = 0$

$+ A - F_1 + D_3 \cdot \sin \alpha = 0$

$\sin 45° = 0,71$

$D_3 = \dfrac{-6,33 + 2,0}{0,71} = -\dfrac{4,33}{0,71} = -\textbf{6,1 MN}$ (Druck)

Mit der Schnittlinie c — d lassen sich die Stabkräfte D_6 und U_3 ermitteln, wenn man den rechten Fachwerkteil betrachtet.

$\Sigma M_{(K\ VI)} = 0$

$- B \cdot 2 + U_3 \cdot 2 = 0$

$U_3 = +\dfrac{10,67 \cdot 2}{2} = +\textbf{10,67 MN}$ (Zug)

$\Sigma V = 0$

$B + D_6 \cdot \sin \alpha = 0$

$D_6 = -\dfrac{10,67}{0,71} = -\textbf{15 MN}$ (Druck)

11 Dreigelenkbogen

11.1 Allgemeines

Der Dreigelenkbogen besteht aus 2 Tragscheiben, die durch ein Gelenk miteinander verbunden und gelenkig gelagert sind (Bild 109).
Das System ist statisch bestimmt.
Jedes Gelenk kann wegen seiner freien Drehbarkeit Kräfte in beliebiger Richtung aufnehmen, also Vertikal- und Horizontalkräfte, aber keine Momente.
Bei Einwirkung eines Momentes würde sich das Gelenk so lange verdrehen, bis die Summe der Momente wieder Null wird.
Für die Praxis ergibt sich daraus der Vorteil, daß das System auch bei Baugrundsetzungen ohne Gefahr angewandt werden kann (Hallenbinder aus Holz, Stahl und Spannbeton und gewölbte Brücken und Durchlässe).

Erläuterungen zu den Bezeichnungen:
Die Auflagergelenke werden als **Kämpfergelenke** bezeichnet, das Gelenk oben als **Scheitelgelenk.**
Die Verbindungslinie der Kämpfergelenke nennt man **Kämpferlinie;** verläuft diese nicht waagerecht, wird der Neigungswinkel zur Horizontalen mit α, der vertikale Abstand des Scheitelgelenkes zur Kämpferlinie mit f (Stich) bezeichnet.
Legt man in einem beliebigem Punkt im Abstand x eine Tangente t an den Gelenkbogen, wird der Neigungswinkel der Tangente zur Horizontalen mit φ bezeichnet.

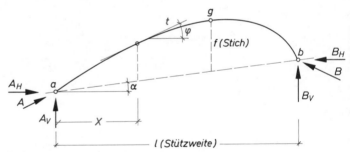

Bild 109

11.2 Grafische Untersuchung

11.2.1 Eine Kraft auf einer Tragscheibe

Greift am Dreigelenkbogen eine beliebige Kraft an, so ergibt sich folgender Kräfteverlauf (Bild 110).
Die Kraft F und die Auflagerkräfte A und B müssen als Summe der äußeren Kräfte im Gleichgewicht sein. Drei Kräfte aber können nur dann im Gleichgewicht sein, wenn sie sich in einem Punkt schneiden.

Die linke unbelastete Scheibe ist im Gleichgewicht, wenn die beiden Gelenkkräfte A und G auf einer Wirkungslinie liegen und entgegengesetzt gerichtet sind. Das geht nur, wenn diese Wirkungslinie durch die beiden Gelenke a und g geht; damit aber liegt die Richtung dieser Kräfte fest.
Die Richtung der Kraft F, die die rechte Scheibe be-

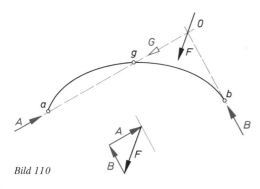

Bild 110

Auflagerkräfte A und B und auch die Gelenkkraft G.

Um die inneren Kräfte des Dreigelenkbogens zu bekommen, überträgt man den Kräftezug $A-G-B$ in den Lageplan bzw. in das Systembild. A muß durch das Gelenk a gehen und ergibt mit F_1 den Schnittpunkt 1; B muß durch das Gelenk b gehen und ergibt mit F_2 den Schnittpunkt 2. G ist die Verbindung von 1 nach 2 und muß durch das Gelenk g gehen.

Eine Kontrolle für den Punkt 1 — hier schneiden sich A, F_1 und G — und für den Punkt 2 — hier schneiden sich B, F_2 und G — zeigt im Kräfteplan jeweils ein geschlossenes Dreieck, es ist also Gleichgewicht vorhanden.

Die so gewonnene Linie $a-1-g-2-b$ nennt man die **Stützlinie**; sie ist ein idealer Stabzug, in dem nur Axialkräfte vorkommen.

Die **Stützlinie** ist abhängig von der Belastung und der Lage der Gelenke. Die Bogenform sollte nach der Stützlinie gewählt werden, denn wenn die Achse des Bogens mit der Stützlinie zusammenfällt, treten im Bogen nur Axialkräfte, also Normalkräfte auf.

Bei einem Bogengewölbe mit nur ständiger Last treten im Bogen nur Druckkräfte auf; man kann einen solchen Bogen sogar aus Mauerwerk erstellen.

lastet, liegt auch fest. Die Richtung der Kraft B ergibt sich, wenn man den Schnittpunkt „0" der Wirkungslinie A mit der Kraft F mit dem Gelenk b verbindet.

Im Krafteck ergeben sich die Größen von A und B.

11.2.2 Je eine Kraft auf beiden Tragscheiben

Es handelt sich um einen zusammengesetzten Belastungsfall (Bild 111). Aus der Belastung der linken Tragscheibe ergeben sich die Auflagerkräfte A_1 und B_1, aus der Belastung der rechten Tragscheibe die Auflagerkräfte A_2 und B_2.

In der Kraftfigur ergeben sich durch Zerlegung von F_1 die Teilauflagerkräfte A_1 und B_1 und durch Zerlegung von F_2 die Teilauflagerkräfte A_2 und B_2.

Durch Parallelverschiebung der Kräfte A_2 und B_1 ergeben sich in der gleichen Figur die resultierenden

11.2.3 Konstruktion der Stützlinie

In der Praxis hat man es meist mit nur lotrechten Kräften zu tun und einer symmetrischen Belastung, es genügt daher die Untersuchung nur einer Tragscheibe (Bild 112).

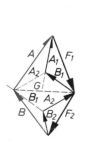

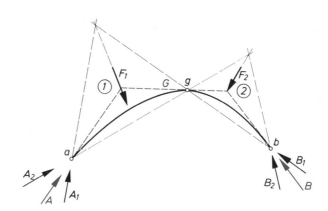

Bild 111

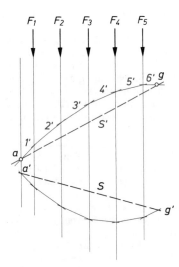

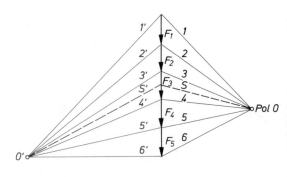

Bild 112

Die Lage der Gelenke wird fixiert. Die lotrechten Einzelkräfte werden im Kräfteplan hintereinander aufgetragen, ein Polpunkt 0 gewählt, die Seilstrahlen 1 bis 6 konstruiert und in den Lageplan übertragen. Die Verbindung des Schnittpunktes a'–g' ergibt die Schlußlinie S, die in den Kräfteplan übertragen wird.

Die Verbindungslinie der Gelenke a und g ergibt sich im Lageplan zu s'; sie wird in den Kräfteplan so parallel verschoben, daß sie durch den Schnittpunkt Kräftezug mit S geht.

Da bei Symmetrie die Gelenkkraft in g waagerecht verlaufen muß, kann man diese auch im Kräfteplan als 6' antragen und zum Schnitt bringen mit s'; es ergibt sich der 2. Pol 0'.

Man zeichnet nun die „zweite Polfigur", es ergeben sich die Seilstrahlen 1' bis 6'. Die Übertragung dieser Seilstrahlen 1' bis 6' in den Lageplan ist die **Stützlinie.**

11.3 Analytische Untersuchung

Rechnerisch lassen sich die Auflagerwiderstände leicht berechnen, wenn man die auftretenden Kämpferdrücke in die Vertikalen A_v und B_v und die in die Kämpferlinie fallenden Komponenten K_A und K_B – die sich ja aufheben müssen – zerlegt (Bild 113). Werden diese unter dem Winkel α geneigten Kräfte in die tatsächlichen Horizontalkomponenten zerlegt, so ergibt sich für $\Sigma H = 0$ die Gleichung

$$K_A \cdot \cos \alpha - K_B \cdot \cos \alpha = 0$$

oder $\qquad K_A = K_B$

Mit Ansatz der Momentgleichung ergibt sich für den Drehpunkt um b:

$$\Sigma M(b) = 0 = A_v \cdot l - F_1 \cdot b_1 - F_2 \cdot b_2 - F_3 \cdot b_3$$

oder $\qquad A_v \cdot l - \sum_1^n F \cdot b$

$$A_v = \frac{\sum_1^n F \cdot b}{l}$$

und für den Drehpunkt um a:

$$\Sigma M(a) = 0 = B_v \cdot l - F_1 \cdot a - F_2 \cdot a_2 - F_3 \cdot a_2$$

oder $\qquad B_v \cdot l - \sum_1^n F \cdot a$

$$B_v = \frac{\sum_1^n F \cdot a}{l}$$

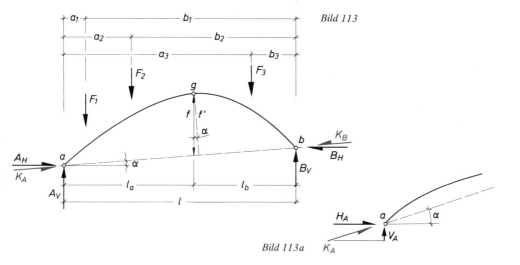

Bild 113

Bild 113a

Ist die Kämpferlinie nicht waagerecht, muß der Vertikalanteil aus der Kraft K_A noch zugerechnet werden (Bild 113a)

$$V_A = K_A \cdot \cos \alpha$$

entsprechend wird $V_B = -K_B \cdot \cos \alpha$

Die Vorzeichen ergeben sich aus der Neigung der Kämpferlinie.

Da auch eine Tragscheibe für sich im Gleichgewicht sein muß, kann man auch die Momentengleichung für das Gelenk g anschreiben, z. B. für die linke Tragscheibe

$$Mg = 0 = A_v \cdot l_a - F_1 \cdot (l_a - a_1) - F_2 \cdot (l_a - a_2) - K_a \cdot f'$$

$$K_A \cdot f' = A_v \cdot l_a - F_1 \cdot (l_a - a_1) - F_2 \cdot (l_a - a_2)$$

Der rechte Teil der Gleichung entspricht dem Moment des Trägers auf 2 Stützen für den Punkt g und wird durch den Ausdruck Mg_0 ersetzt

$$f' = f \cdot \cos \alpha$$

dann wird

$$K_A \cdot f \cos \alpha = Mg_0$$

$$K_A \cdot \cos \alpha = \frac{Mg_0}{f} = A_H$$

Der Dreigelenkbogen muß nicht unbedingt eine Bogenform haben; er kann auch aus geraden Stäben zusammengesetzt sein. Man nennt ihn dann **Dreigelenkrahmen.**

Im Kapitel 12 werden dazu einige Beispiele analytisch untersucht.

12 Dreigelenkrahmen

12.1 Dreigelenkrahmen mit 2 vertikalen Kräften symmetrisch

Der Rahmen ist symmetrisch im System und der Belastung (Bild 114).

Bild 114

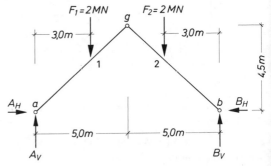

Die vertikalen Auflagekräfte sind

$$A_v = B_v = 2 \text{ MN}$$

$$A_H = B_H = \frac{Mg_0}{f}$$

$$Mg_0 = 2,0 \cdot 5,0 - 2,0 \cdot 2,0 = 6 \text{ MNm}$$

$$A_H = \frac{6,0}{4,5} = 1,33 \text{ MN}$$

Momente

Bild 115

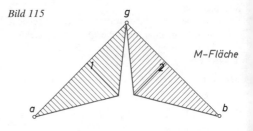

M-Fläche

In den Gelenken sind die Momente Null
$$M_1 = A_v \cdot 3 - A_H \cdot 2,7$$
$$= 2,0 \cdot 3 - 1,33 \cdot 2,7 = \textbf{2,4 MNm}$$
$$M_2 = M_1$$

Mit diesen Werten läßt sich die Momentfläche darstellen (Bild 115).

12.2 Dreigelenkrahmen mit 1 vertikalen Kraft

Aus der Momentengleichung um b ergibt sich

$$A_v = \frac{F \cdot b}{l} = \frac{3,0 \cdot 4,5}{6,0} = 2,25 \text{ MN}$$

dann wird

$$B_v = \frac{F \cdot a}{l} = \frac{3,0 \cdot 1,5}{6,0} = 0,75 \text{ MN}$$

oder aus
$$\Sigma V = 0; \ B_v = F - A_v = 3,0 - 2,25 = 0,75 \text{ MN}$$

aus $\Sigma H = 0$ ergibt sich $A_H = B_H$

$$M_g = 0 = B_v \cdot \frac{l}{2} - B_H \cdot h$$

$$= 0,75 \cdot 3 - B_H \cdot 6,0$$

$$B_H = \frac{0,75 \cdot 3}{6,0} = 0,375 \text{ MN} = A_H$$

oder nach der Formel $B_H = \dfrac{Mg_0}{h}$

für $Mg_0 = B \cdot \dfrac{l}{2} = 0{,}75 \cdot 3 = 2{,}25$ MN eingesetzt

wird $B_H = \dfrac{2{,}25}{6{,}0} = 0{,}375$ MN (Bild 116)

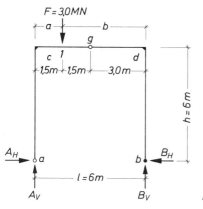

Bild 116

Momente

$M_c = -A_H \cdot h = -0{,}375$ MN $\cdot$ 6 m $= -\mathbf{2{,}25\ MNm}$

oder $= -F \cdot \dfrac{a}{2} = 3{,}0$ MN $\cdot$ 0{,}75 m $= -2{,}25$ MNm

$M_d = -B_H \cdot h = -0{,}375 \cdot 6 = -\mathbf{2{,}25\ MNm}$

An den Rahmenecken muß das Moment gleich bleiben; die waagerechte Momentenordinaten werden in die Vertikale „geklappt". Unter der Einzellast wird das Moment

$M_1 = A_v \cdot a - A_H \cdot h = 2{,}25 \cdot 1{,}5 - 0{,}375 \cdot 6$
$= \mathbf{1{,}125\ MNm}$

Da in den Gelenken das Moment jeweils Null sein muß, ergibt sich die Momentenfläche mit den ermittelten Werten wie in Bild 117 dargestellt.

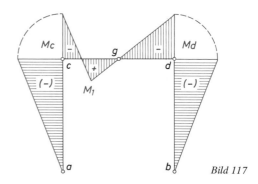

Bild 117

12.3 Dreigelenkrahmen mit Streckenlast

$\Sigma M(b) = 0 = A_v \cdot l - \dfrac{q \cdot l^2}{2}$

$A_v = \dfrac{q \cdot l}{2} = \dfrac{1{,}0 \cdot 6{,}0}{2} = 3{,}0$ MN $= B_H$

$\Sigma H = 0 = A_H - B_H$ oder $A_H = B_H$

$Mg_0 = A_v \cdot \dfrac{l}{2} - A_H \cdot h - \dfrac{q \cdot l^2}{8}$

$A_H = \dfrac{A \cdot l/2 - \dfrac{q \cdot l^2}{8}}{h} = \dfrac{q \cdot l^2}{h \cdot 8} = \dfrac{1{,}0 \cdot 6{,}0^2}{6 \cdot 8} = 0{,}75$ MN

oder

$A_H = \dfrac{Mg_0}{h} = \dfrac{\dfrac{q \cdot l^2}{8}}{h} = \dfrac{q \cdot l^2}{h \cdot 8}$

bringt dasselbe Ergebnis (Bild 118)

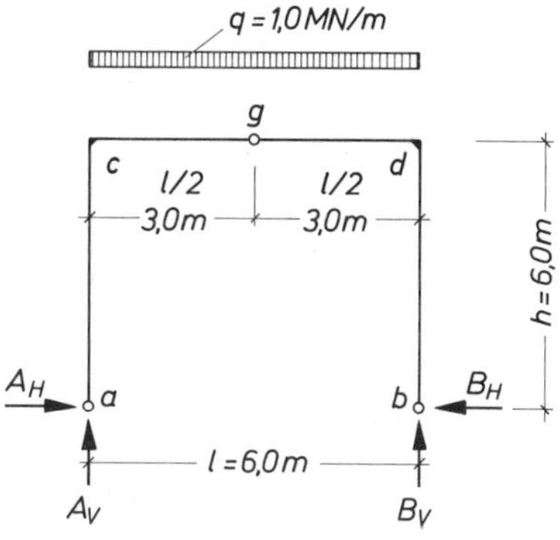

Bild 118

Momente

$$M_c = -A_H \cdot h = \frac{q \cdot l^2}{8 \cdot h} \cdot h = -\frac{q \cdot l^2}{8}$$

$$= \frac{1,0 \cdot 6^2}{8} = \textbf{4,5 MNm}$$

Im Gelenk g muß das Moment wieder Null werden:

$$M_g = A_V \cdot \frac{1}{2} - A_H \cdot h - q \cdot \frac{1}{2} \cdot \frac{1}{4}$$

$$= 3,0 \cdot 3 - 0,75 \cdot 6 - 1,0 \cdot 3 \cdot 1,5 = \textbf{0}$$

Die Momentenfläche zeigt über dem Riegel die quadratische Parabel, deren Ordinate im Gelenk g Null wird (siehe Bild 119).

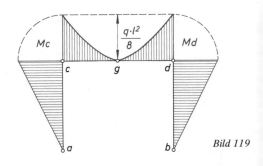

Bild 119

12.4 Dreigelenkrahmen mit horizontaler Kraft

$$\Sigma M(b) = 0 = A_v \cdot l + W \cdot h$$

$$A_v = \frac{-W \cdot h}{l} = \frac{-2 \cdot 6}{6} = -2 \text{ MN}$$

$$\Sigma V = 0 = A_v + B_v; \quad B_v = -A_v = \frac{+W \cdot h}{l}$$

$$= +2 \text{ MN}$$

$$\Sigma H = 0 = A_H + W - B_H; \quad A_H = -W + B_H$$

$$M_g = B_v \cdot \frac{l}{2} - B_H \cdot h$$

$$B_H = \frac{B \cdot \frac{l}{2}}{h} = \frac{W \cdot h}{l} \cdot \frac{l/2}{h} = \frac{W}{2} = 1,0 \text{ MN}$$

$$A_H = -W + \frac{W}{2} = \frac{-W}{2} = -1,0 \text{ MN}$$

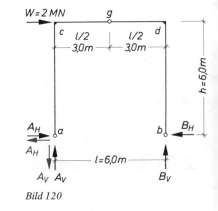

Bild 120

Die negativen Vorzeichen bei A_v und A_H bedeuten, daß die angenommene Richtung falsch war.

Momente

$$M_c = -A_H \cdot h = 0,75 \cdot 6 = \textbf{4,5 MNm}$$

$$M_d = -B_H \cdot h = -\frac{W}{2} \cdot h = -0,75 \cdot 6$$

$$= \textbf{-4,5 MNm}$$

Außer der Kraft W, die an der Rahmenecke c waagerecht angreift, ist sonst keine Kraft mehr vorhanden. In den Gelenken müssen die Momente Null sein. Mit den ermittelten Werten läßt sich also die Momentenfläche darstellen (Bild 121).

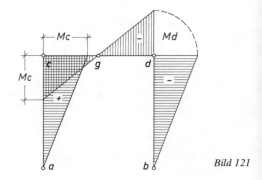

Bild 121

Stichwortverzeichnis